Die Intelligenz hinter der ‚Natur‘

Umwandlung von Energie in Materie
Wie Bewusstsein zur Manifestation wird

Daniel Perret

Hinter jeder Manifestation steht ein Bewusstsein,
das heißt ein fühlendes, intelligentes Wesen.

Mit ‚Wesen‘ meine ich hier die ganze Bandbreite vom physischen
Menschen über Naturgeister aller Art und Größe bis hin zu den nicht-
physischen Wesen des göttlichen Feldes.

Daniel Perret – Die Intelligenz hinter der Natur

© 2022 Daniel Perret
Edition: BoD - Books on Demand GmbH
12/14 rond-point des Champs Elysées
75008 Paris, Frankreich
Druck: Books on Demand GmbH
Norderstedt, Deutschland

Erscheinungstermin März 2022
ISBN 9782322392612

Dieses Buch ist bei BoD auch auf Englisch erschienen.

Umschlagfoto Daniel Perret

Mein Dank geht an Bob Moore und C,
an Marie Perret, Wolfgang Weirauch, Ester Münger sowie
Werner Bornholdt für unsere Diskussionen
und Ute Otto für die Korrektur meines Textes.

dieses Buch widme ich

Liv und Theo

Die Intelligenz
hinter der Natur

Bewusstsein
manifestieren

Schriftbild des irischen Baumalphabets von
Katie Holten
Die Schriftart kann kostenlos von der Website heruntergeladen werden:
www.treealphabet.ie

Ein Materialist kann nicht beweisen,
dass Naturgeister
und das Unsichtbare nicht existieren.

Ebenso wenig können wir ihm beweisen, dass er Gedanken, innere Bilder, Gefühle, eine Seele und andere Inkarnationen hat.

Zu glauben, dass eine Rose, ein Baum, ein Koalabär oder ein Mensch nur aus einem Samen entstanden ist, ist ein begrenztes Konzept, ähnlich wie zu glauben, dass ein hochentwickeltes Auto oder ein Computer nur aus einem Geschäft stammt. Wir müssen genauer hinsehen.

Wenn wir die Herstellung eines Autos betrachten, können wir leicht akzeptieren, dass es Designer, Ingenieure und Arbeiter gibt, die alle Teile herstellen. Es ist normalerweise schwieriger, sich vorzustellen, dass hinter einer Energiestruktur oder einem Baum, den wir wahrnehmen, zahlreiche unsichtbare Wesen stehen, die an dem Phänomen beteiligt sind.

Obwohl natürlich in vielerlei Hinsicht ganz anders, können wir das, was ich beschreiben werde, mit der Organisation einer Stadt vergleichen, mit ihren Gesetzen, ihrer Raffiniertheit, ihrer Regierung, ihrer Verwaltung, ihren Handwerkern und Handwerkerinnen, ihrer Schönheit, ihren Kunstwerken, ihren Künstlern und nicht zuletzt ihrem Stadtgeist.

Je mehr wir uns mit der Natur beschäftigen, desto mehr wird sie uns durch ihre Weisheit, Intelligenz und Komplexität überraschen.

Inhalt

3. Teil: Eine energiewissenschaftliche Betrachtung wie Bewusstsein physische Manifestation wird - 101

Anhang 123

Übersicht

Teil 1: erforscht die bewusste Intelligenz, die durch die Natur wirkt, durch jeden Baum, jedes Flusssystem, jede Blume.
Teil 2: erklärt, worin die Arbeit der intelligenten Geistwesen in der Natur konkret besteht. Durch ihre Arbeit beginnen wir zu verstehen
Teil 3: das Wunder des Bewusstseins und wie es sich physisch manifestiert.

Es ist typisch für uns ‚zivilisierte Menschen', dass wir die Natur aus einer rein anthropozentrischen Sicht betrachten, auch wenn dies in der Ökologiebewegung und den Initiativen für die Rechte der Natur als ökozentrisch bezeichnet wird.

Man geht davon aus, dass es in der Natur keine intelligenten Kommunikationspartner gibt, die ihren eigenen Standpunkt zum Ausdruck bringen können. Diese anthropozentrische Haltung beruht auf einem Bewusstseinswandel, der im 17. Jahrhundert stattfand, als die Newtonsche/Galileische Wissenschaft beschloss, sich von der bewussten Intelligenz der Natur abzuspalten und sie zu ignorieren. Daraufhin wurde eine systematischere analytische Denkweise eingeführt, die den Weg für eine detailliertere Erforschung der physischen Natur ebnete; gleichzeitig bewirkte dies jedoch, dass die Verbindung zum Ganzen und zum Sinn verloren ging. Dies führte zu unserem Ungleichgewicht mit und unserer Entfremdung gegenüber der Natur und dem Leben.

Ich erforsche, ob es in der Natur intelligente bewusste Wesen gibt, mit denen wir kommunizieren können, die jenseits der gut erforschten instinktiven Intelligenz über eine bewusste Intelligenz verfügen. Jüngste philosophische Entdeckungen bestätigen, dass das Bewusstsein auf Gefühlen beruht und kein Gehirn braucht, um zu funktionieren. Dies erlaubt uns zu verstehen, dass das Bewusstsein nicht auf den Menschen beschränkt ist. Quantenfeldtheorie und Energiewissenschaft nähern sich möglicherweise an, um zu verstehen, wie Energieschichten funktionieren und in Materie umgewandelt werden, wobei die eine aus der Physik und die andere aus der spirituellen Heilung herkommt.

Jegliche Kommunikation mit möglicherweise bewussten Wesen in der Natur muss einige grundlegende Kriterien erfüllen. Dies ist umso mehr zu beachten, wenn es darum geht – z.B. bei der Gewährung von Rechten für eine Fluss oder ein Gebiet - zu beurteilen, ob sie zu politischen oder rechtlichen Entscheidungen beitragen kann. Ein kürzlich geführtes Interview mit dem Loire-Elementarwesen kann eine Vorstellung davon vermitteln, wie nützlich eine solche Zusammenarbeit sein könnte (siehe Seite 55). Ich bringe Beispiele, worin die Arbeit der Naturgeister konkret besteht und wie organisiert und komplex die Arbeitsweise der Natur ist, die den Übergang von nicht-physischer Energie und Bewusstsein zu physischer Manifestation ermöglicht. Abschließend werde ich zu beschreiben versuchen, wie die Energiewissenschaft die Manifestation ins Physische erklärt.

Mein Weg in diese Thematik

Wann immer mein Lehrer Bob Moore* begann, über die vier Schichten des Ätherischen zu sprechen, war ich fasziniert und wusste, dass ich jedes Wort aufschreiben musste. Er zeigte uns dadurch die Tür zum Geheimnis der Schöpfung.

*) Bob Moore, spiritueller Lehrer, Psykisk Centre, Dänemark, 1928-2008

Dann gibt es auch die persönliche Verbindung, die ich zu großen, alleinstehenden Bäumen habe. Ich habe immer das Gefühl, dass sie edle Wesen sind, jeder mit seiner eigenen Persönlichkeit, seiner eigenen Schönheit. Vielleicht liegt es an ihrer Größe und der Art und Weise, wie sie den Raum einnehmen, an der völligen Harmonie, mit der sie ihre Äste ausbreiten, an der klaren Kante der Baumkrone, als ob jemand sie ordentlich beschneiden würde.

Ich erinnere mich lebhaft an ein deutsches Buch über Blumenfeen mit exquisiten Zeichnungen, aus dem unsere Mutter uns oft eine Gute-Nacht-Geschichte vorlas.

,Wie es wispert und wuspert im grünen Wald', von Paul und Anna Blau, 1915

Dann, vor etwa fünfzehn Jahren, begann meine Freundin Eva Høffding, das Mutter-Erde-Wesen, die Schwarze Jungfrau, Ignatius von Loyola und unseren Lehrer Bob Moore, der kürzlich verstorben war, zu channeln. Ich spürte die ungewöhnliche Reinheit ihrer Intervention, als ob sie im Raum wären. Dialoge mit unsichtbaren Wesen wurden für mich plötzlich zu einer greifbaren Realität.

Dies geschah, nachdem ich viele der außergewöhnlichen 50 Bücher der Flensburger Hefte mit zahlreichen Interviews mit Naturgeistern gelesen hatte.[4] Es gab keinen Zweifel daran, dass dies ebenfalls reine, egolose Kommunikationen waren.

Ich war also einigermaßen vorbereitet, als das Kollegium der Geister von Rocamadour - ich nenne sie ,C' für College - mich zum ersten Mal kontaktierte und irgendwann später viele Naturgeister aller Art und Größe mich baten, ihnen Fernheilung zu senden. Durch ihre Anfragen lernte ich viel über ihre Arbeitsweise, ihre Organisation, ihre Probleme und ihr Wesen. Einzelheiten über 'C' siehe Seite 156 im Anhang.

Das zwanzigjährige Studium der subtilen Energie, der Meditation und der transpersonalen Psychologie bei Bob Moore führte mich zu der notwendigen Erdung in der Realität. Es brachte mir ein tiefes Gefühl der Einsicht und Verantwortung. Ich hatte das Bedürfnis, dies weiterzugeben und zu zeigen, dass wir geerdet und gleichzeitig in Kontakt mit nicht-physischen Wesen sein können. Ich kam zu der Überzeugung, dass diese Zusammenarbeit absolut notwendig ist, um unseren Planeten aus seinen gegenwärtigen Schwierigkeiten herauszuführen.

Die Zusammenarbeit mit 'C', dem Kollegium der Geister von Rocamadour, brachte mir eine grosse Anzahl von Einsichten. Ich lernte alle möglichen und unmöglichen Fragen zu stellen und sah, dass es immer eine Antwort gab. Ich habe dies bereits in einer Reihe von Büchern mitgeteilt und werde hier darauf aufbauen. Ich fühle mich sehr verantwortlich, wenn ich über unsichtbare Wesen forsche und schreibe. Denn, nicht weil etwas unsichtbar ist, können wir einfach unüberlegt alles sagen und schreiben. Ganz im Gegenteil.

Auf den folgenden Seiten werde ich zuweilen sehr ins Detail gehen, um die Tiefe und Präzision zu zeigen, mit der die Natur und das Bewusstsein arbeiten.

Ich schreibe, weil ich möchte, dass die Dinge klar verstanden werden und vermisse, nicht in meiner eigenen Sprache, dem Zürcher Dialekt des Schweizerdeutschen, schreiben zu können. Ich bin in Zürich aufgewachsen. Vielleicht drücke ich mich allerdings am besten aus, wenn ich auf der Harfe improvisiere.

Parallel zu dem, was ich hier schreibe, habe ich Harfenimprovisationen mit dem Titel 'Geburtsrechte der Natur' ‚Birth rights of Nature' aufgenommen, die auf danielperret.bandcamp.com zu hören sind.

Einführung

Die Schöpfung, so wie ich sie verstehe, geschieht in Zusammenarbeit zwischen Wesen aus dem göttlichen Feld bzw. der universellen Intelligenz und Wesen von Mutter Erde. Es ist eine Zusammenarbeit zwischen dem männlichen Vater-Himmel-Impuls oder der ‚liebenden Intelligenz‘ und dem Manifestationspotenzial des weiblichen Mutter-Erde-Aspekts ‚intelligente Liebe‘.

Die lateinischen Wurzeln des Begriffs ‚natura‘ stammen von *nascor* (geboren werden, im kommen) und dem Suffix *urus*, was ‚eine kommende Handlung‘ bedeutet. Natur kann also als ‚die Kraft, die etwas hervorbringen soll‘ übersetzt werden und bezieht sich auf eine Ordnung und ein System von Gesetzen, die der Schöpfung aller Dinge und Wesen zugrunde liegen. [5]

Diese weite Definition des Wortes ‚Natur‘ schließt den Menschen mit ein. Obwohl sie damit der Bedeutung des Wortes ‚Schöpfung‘ sehr nahekommt, ziehe ich den Begriff ‚Natur‘ vor, da er weniger abstrakt erscheint und uns näher an unsere jüngsten Überlegungen zu den Rechten der Natur, der Achtung der Natur als einer Intelligenz voller Weisheit und Schönheit, heranführt.

Die Rechte der Natur

Die extreme Disharmonie, die wir heute in Bezug auf das Klima, die biologische Vielfalt, die Verschlechterung unserer Umwelt und unserer Ressourcen beobachten, führt zu einer weltweiten Erkenntnis und zu Aktionen, die u.a. in der Bewegung für die Rechte der Natur zum Ausdruck kommen.

Durch mein Engagement in der Global Alliance for the Rights of Nature (GARN) wurde mir bewusst, wie schwierig es für uns ,Westler' ist, eine echte und reale Verbindung zu den intelligenten Wesen hinter der sichtbaren Natur, einem Flusssystem, einem Baum oder einer Landschaft zu finden. Wir bewundern die Eingeborenen in fernen Ländern, die diese Tradition lebendig halten und die uns in der Tat weitgehend inspiriert haben, indem sie zum Beispiel die Anerkennung der Rechte einiger Flüsse in ihre Verfassungen und Gesetze aufgenommen haben.

Dennoch scheinen wir weitgehend einem anthropozentrischen Ansatz anzuhaften, auch wenn wir ihn als ökozentrisch bezeichnen. Diese Haltung erinnert an den kolonialistischen, paternalistischen Ansatz, auch wenn er gut gemeint sein kann. Eine solche Haltung trennt uns von Wesen, für die wir etwas tun, von denen wir aber glauben, dass sie nicht kommunizieren können, weil sie nicht über die entsprechende Intelligenz verfügen. Wir wissen einfach nicht mehr, wie wir die intelligenten Wesen, die hinter der sichtbaren Natur existieren, wahrnehmen und mit ihnen kommunizieren können. Doch jedes Land, jedes Volk hatte einmal Verständnis für die Intelligenz hinter der Natur und hätte sonst nicht überlebt. Wir werden vielleicht auch nicht überleben, wenn wir uns nicht wieder mit dieser Weisheit verbinden. Sie ist da und wartet geduldig auf uns.

Diese Fehleinschätzung ist zum Teil auf unsere sehr intellektuelle Kultur zurückzuführen, die glaubt, dass bewusste Intelligenz von einem Gehirn und intellektuellen Fähigkeiten abhängt, was nicht der Fall ist, wie wir sehen werden.

Aus kulturhistorischen Gründen haben wir uns von der Verbindung zur Weisheit der Natur abgekoppelt.

**Die Newtonsche Wissenschaft
und die Überwindung der mittelalterlichen Verwirrungen**

Seit dem 17. Jahrhundert hat sich die Newtonsche Wissenschaft davon entfernt, eine bewusste Intelligenz in der Natur anzuerkennen. Im 17. Jahrhundert legte Isaac Newton die Grundlagen für die klassische Mechanik. Er trug auch zum Fortschritt der Optik, der Astrologie und der mathematischen Analyse bei. Weniger bekannt ist, dass er sich auch intensiv mit Theologie und Alchemie beschäftigt hat. John Maynard Keynes, der bedeutende Wirtschaftswissenschaftler des 20. Jahrhunderts, hielt Newton für den letzten ‚Magier' und ‚Alchemisten' der westlichen Welt. [6] Newton war also mit beiden Aspekten vertraut: der äußeren materiellen Welt und der unsichtbaren Dimension, die in der Alchemie erforscht wird. Meine These ist, dass die Schaffung der soliden physikalischen Grundlagen der sichtbaren physischen Welt von grundlegender Bedeutung für unsere Zivilisation und Wissenschaft war. Diese ‚soliden Grundlagen' wurden zu einer absoluten Notwendigkeit, damit sich die Wissenschaft und die Welt von dem Aberglauben, der Verwirrung, den Ängsten und dem Obskurantismus des Mittelalters lösen konnten. Es herrschte große Verwirrung über die Rolle des Unsichtbaren, darüber, wie man es wahrnimmt und wie man es auf nicht-egoistische Weise verstehen kann.

Dies brachte zwar einen fabelhaften Fortschritt im analytischen Denken mit sich, der es ermöglichte, den materiellen Teil der Natur bis ins kleinste Detail zu sezieren und zu analysieren, aber es führte dazu, dass wir den Sinn dafür verloren, wie und warum alles miteinander verbunden ist. Genau dieses Denken trennte uns von der Weisheit der ursprünglichen Verbindung mit der Natur ... und brachte uns oft dazu unsere Ökosysteme zu zerstören.

Die westliche Welt hat mindestens dreihundert Jahre gebraucht, um sich von der Verwirrung über unsichtbare Phänomene zu lösen und dann zu lernen, sie zu erkennen.

Es ist eine Tatsache, dass die Erforschung der unsichtbaren Welten und inneren Gefühle voraussetzt, dass wir in der physischen Realität verankert sind und mit der Körperlichkeit unserer Lebensumstände umgehen können. Sonst sind wir mit den Projektionen unserer inneren Ängste konfrontiert und nicht in der Lage, Freund und Feind zu unterscheiden.

Erst im 20. Jahrhundert, mit den Entdeckungen der Relativitäts-theorie, der subatomaren Teilchen und der Quantenphysik, ist die Wissenschaft bereit, die unsichtbaren Dimensionen weiter zu erforschen.

Dass die Intelligenz der Natur und der unsichtbaren Wesen, die zu ihr gehören, in die Ecke gedrängt wurden und meist als Erinnerung in Märchen überlebten, wird nun verständlich. Die wissenschaftliche Welt wird sich erst dann vollständig vom Materialismus erholen, wenn wir die Entdeckungen der Quantenphysik integriert haben. Ein Paradigmenwechsel ist im Gange. Vor 2000 Jahren hatten alle Kulturen in Europa ihre Götter: Das antike Griechenland, Rom, die Kelten, die nordischen Länder hatten zum Beispiel Götter des Donners, des Berges und Geister des Windes. Diese Namen oder Begriffe entsprachen dem Verständnis der damaligen Zeit.

Da wir ihre Existenz jahrhundertelang ignoriert haben, wissen wir heute kaum etwas über die möglichen Funktionen und Zuständig-keitsbereiche der verschiedenen Arten von Naturgeistern. Wir glauben, dass die Natur so ziemlich ohne uns zu funktionieren scheint, aber tut sie das wirklich? und funktioniert sie gut? Welche Vorteile würde eine bewusste Partnerschaft bringen?

Fragen, die die Biologie nicht erforscht

Die Biologie nimmt bestimmte Aufgaben und Phänomene als selbstverständlich hin und hat die folgenden Fragen unter den Teppich gekehrt. Weil sie in unseren Biologiebüchern nicht vorkommen, nehmen wir sie auch nicht mehr als Fragen wahr.

Wie kommt es, dass eine Zelle, eine Pflanze, ein Baum bestimmte Stoffe aufnimmt und andere abstößt?

Wer oder was in der Natur analysiert, vergleicht Alternativen und trifft die Auswahl zwischen abzustossenden und zu assimilierenden Stoffen?

Was schafft die harmonische Ordnung und Schönheit für das Wachstum von Zellen zu Stängeln, Zweigen, Blättern, Blüten?

Was platziert und verbindet die Zellen?

Was sichert die Bewegung von Flüssigkeiten in einem Baum, wenn es noch keine Blätter gibt?

Wie entstehen Schönheit, Harmonie und Gleichgewicht in der Form von Blättern, Bäumen oder Blüten?

Woher kommen die Pläne, die einem Baum befehlen, ein Blatt in einer bestimmten Form wachsen zu lassen, seine Baumkrone, seine Rinde, seine Holzart?

Wir alle schätzen das in der Natur, halten es aber für selbstverständlich.

Wie werden die Veränderungen konkret in einem Gen eingebaut?

Einfach zu sagen, dass es sich um Evolution handelt, erklärt nicht die Manipulation in den Genen.

Steht hinter der Natur ein intelligentes Bewusstsein, das über die gut dokumentierte instinktive biologische Intelligenz von Pflanzen und Tieren hinausgeht?

Gibt es unsichtbare intelligente bewusste Wesen, die in der Natur agieren? Was wäre die Funktion solcher unsichtbaren Wesen in der Natur?

Können wir sie beobachten? Können wir mit ihnen kommunizieren?
Würde die Natur ohne sie funktionieren?
Haben sie eine Weisheit und ein Wissen, das wir brauchen, um
Ökosysteme und die biologische Vielfalt wiederherzustellen?

Biologen gehen in der Regel so weit, das als ‚Intelligenz' zu
bezeichnen, scheuen aber davor zurück, zu sagen, dass Intelligenz
Bewusstsein bedeutet und ein Wesen impliziert.

Zitate

Ich bin an der europäischen Forschungsgruppe des GARN beteiligt
(Global Alliance for the Rights of Nature). Im Jahr 2021 haben wir an
einem Buch über die Rechte der Natur in Europa gearbeitet. Ich
habe ein Kapitel zum Thema 'Die Intelligenz der Natur' beigesteuert.
In den letzten vierzig Jahren habe ich subtile Energiefelder,
spirituelles Heilen, Meditation, Bewusstsein und Naturgeister
studiert und gelehrt und dabei gefühlt und gewusst, dass alles eins
ist und alles miteinander verbunden ist. Wir können lernen, unseren
geschäftigen Verstand zur Ruhe zu bringen und eine Verbindung zu
der Weite und Stille zu entwickeln, die in uns liegt. Wir können
spüren, dass es nicht der physische Körper ist, der spirituelle Energie
erzeugt, sondern die spirituelle Quelle, die unseren physischen
Körper erschafft, Teil eines kontinuierlichen Flusses, Leben auf
Leben.

Auf der Suche nach einer klaren Definition von Bewusstsein habe ich
gelegentlich das Internet durchforscht und war begeistert, als ich
Federico Faggins Artikelserie über die Natur des Bewusstseins im
Wall Street International Magazine fand. [2] Er schreibt mit Klarheit
und Tiefe über die Natur des Bewusstseins, Quantenfelder und
darüber, dass das Bewusstsein im Wesentlichen auf Gefühlen
beruht.

Die Hauptaussage meines Lehrers Bob Moore war dieselbe: Alles basiert letztlich auf Gefühlen. Mein erstes Buch trug den Titel 'Music - The feeling Way'. Die Energie und die spirituelle Dimension jenseits der Gedanken, jenseits der Worte ist in erster Linie durch Gefühle zugänglich. Gefühle sind der Schlüssel, der es uns ermöglicht, die Tiefe des Bewusstseins zu erfahren und die Intelligenz zu erkennen, die hinter den Manifestationen der Natur steht. Gefühle sind die Brücke, die das Herz mit der nicht-physischen Dimension verbindet, von den Naturintelligenzen bis hin zu den Wesen des göttlichen Feldes.

Federico Faggin hat die Gabe, Bewusstsein, Wahrnehmung, Gefühle und Quantenfelder auf klare und einfache Weise zu erklären. Das meiste, was ich über Quantenfelder lese, scheint sich auf Mathematik, technische Modelle und Teilchen zu beschränken. Faggin begreift die philosophischen Implikationen, und seine Überlegungen brachten mich dazu, mich zu fragen, ob die ‚Felder‘, von denen in der Wissenschaft des spirituellen Heilens und in der Quantenphysik die Rede ist, eigentlich nicht dasselbe sind: Quantenfelder sind subtile Energiefelder.

Faggin studierte Physik und hatte eines der ersten Unternehmen, das im Silicon Valley Mikrochips für Computer herstellte. Nach und nach erforschte er die philosophische Dimension der Frage, was das Wesen des Bewusstseins ausmacht, und dachte eingehend darüber nach, warum künstliche Intelligenz niemals die gleiche Tiefe erreichen kann. Ich war froh, jemanden zu finden, der mit solcher Kompetenz die Zusammenhänge erklärte, die ich bereits zutiefst spürte. Der Funke, der das ganze Bild für mich erhellte, war, dass er zu der gleichen Schlussfolgerung kam, die wir auch in den Christusbriefen* finden können:

Jede Manifestation hat ihren Ursprung in Bewusstsein.[1]

Im Laufe der Jahrhunderte haben viele gechannelt, interpretiert und oft fehlinterpretiert, was sie für die Worte Christi als Lehrer hielten. Texte wie dieser rufen oft Skepsis hervor, mehr noch als die Worte eines italienischen Physikers und Computerspezialisten. Dennoch strahlen beide Texte eine eigene Qualität aus und sind überzeugend übereinstimmend. Autorennamen, akademische Titel und letztlich auch die Übermittlungsmethode interessieren mich nicht weiter. Bei beiden Texten überzeugte mich die hervorragende Qualität.

Die Christusbriefe aus dem Jahr 2000 bieten eine zeitgemäße Erklärung dafür, was die Universelle Intelligenz ist. Diese Erklärungen klingen, als könnten sie aus der Quantenphysik stammen und führen uns von einer überholten und irreführenden personifizierten Schöpferfigur weg. Die Überlegungen, die insbesondere im Brief Nr. 5 zu finden sind, geben uns eine Vorstellung vom Ursprung des Bewusstseins und davon, worin der Schöpfungsprozess besteht. [1]

Wir leben in einem Universum voller Sinn und Präzision, die sich in den Gesetzen der Energie und des Bewusstseins zeigen: den Gesetzen der Anziehung, von Ursache und Wirkung, der Liebe und dem Gesetz der Wahrheit. Wenn wir daran arbeiten, unsere persönlichen Ego-Filter transparenter zu machen, erscheint das ursprüngliche Bild. Im folgenden Kapitel werde ich daher mehrfach Faggin sowie die Christusbriefe zitieren.
*) siehe S. 149

1. Teil:

Der philosophisch-wissenschaftliche Ansatz
zu einer bewussten Intelligenz in der Natur

Energie und Bewusstsein

Um zu verstehen, wie physische Manifestationen zustande kommen, müssen wir die Natur von Energie und Bewusstsein verstehen. Das Wort ‚Energie' ist ein weiter Begriff, der alle Phänomene einschließt, die keine physische Materie sind. Doch selbst feste Materie besteht letztlich nur aus Energie. Wenn wir bekannte Energien wie elektrische Energie ausschließen, wird oft der Begriff ‚subtile oder feinstoffliche Energie' verwendet.

Wenn wir die subtile Energie verstehen wollen, müssen wir uns vor Augen halten, dass hinter jeder Manifestation ein Bewusstsein steht, also ein fühlendes, intelligentes Wesen. [1, 2]

"Alles, was du siehst, alles, was du berührst, hörst, fühlst, weißt, ist sichtbar gewordenes Bewusstsein." Brief 5 / S.18 [1]

"Es gibt nichts im Universum, was nicht sichtbar gemachtes Bewusstsein ist." Brief 5 / S. 18 [1]

Alle Energie ist also eine Manifestation von Bewusstsein. Im Folgenden versuche ich zu verstehen, wer diese fühlenden, intelligenten Wesen sind und warum Bewusstsein immer mit einem Wesen verbunden ist, aber umgekehrt nicht jedes Wesen über Bewusstsein verfügt. David Chalmers schlägt vor, Bewusstsein als eine weitere universelle Grundkonstante wie Raum oder Zeit zu akzeptieren. [21]

Empfindungsfähige Wesen

Empfindungsfähige Wesen sind in der Lage, Gefühle bewusst zu empfinden. Empfindungsfähigkeit ist die Fähigkeit, positive und negative Einflüsse zu spüren.

Der Begriff ‚Empfindung' stammt von dem lateinischen Begriff ‚*sentientem*', der Gefühl bedeutet. Empfindungsfähige Wesen können physisch oder nicht-physisch sein. Bei einer streng anthropozentrischen Betrachtungsweise hängt es von dem menschlichen Bewusstsein (Individuum, Gruppe, Staat, Gesetz) ab, wie ein Wesen wahrgenommen wird, ob es als empfindungsfähig gilt oder nicht.

Ein fühlendes Wesen kann Dinge fühlen, wahrnehmen und spüren. Fühlende Wesen haben ein Bewusstsein für ihre Umgebung, Empfindungen und die Fähigkeit, auf etwas zu reagieren. Ein Wesen, das über Sinne verfügt, ist empfindungsfähig, d.h. es kann riechen, kommunizieren, berühren, sehen oder hören. Empfindungsfähige Wesen haben im Allgemeinen einen freien Willen und ein Bewusstsein für sich selbst. Das Ausmaß, in dem sie Glück, Traurigkeit, Schmerz, Freude und Angst empfinden können, ist von Art zu Art unterschiedlich.   (siehe Seite 71, Gnome, Undinen, Sylphen)

Es gibt empfindungsfähige und nicht empfindungsfähige Wesen. Empfindungsfähigkeit bedeutet Gefühle zu haben. Ohne Gefühle auch kein Bewusstsein. Ich komme darauf zurück.

Was ist ein Wesen?

Ein Wesen kann definiert werden als durch einen Willen geschaffen und eine individuelle - materielle oder immaterielle - Existenz zu besitzen, eine Art Bewusstsein zu haben, ein Gedächtnis, einen Zweck und einen - wenn auch manchmal streng begrenzten - Willen, diesen Zweck zu verfolgen sowie das Potential sich weiterzuentwickeln.

Der Wille, der ein Wesen schafft, kann von einem Menschen stammen wie auch von anderen Geistwesen bis hin zu einem göttlichen Wesen. Auch nicht empfindungsfähige Wesen können eine sehr beschränkte Art von Bewusstsein besitzen, z.B. wo ihre Grenze als Individuum liegt, worin ihre Aufgabe besteht und wie sie ihrem Selbsterhaltungstrieb gerecht werden.

Es gibt nicht empfindungsfähige rudimentäre Formen von Wesen, wie Maschinenwesen (S. 125), Klangwesen, Rauchwesen, Nebelwesen oder Gedankenwesen. Jeder Ton, der auf einem Musikinstrument gespielt wird, und jeder Gedanke erzeugen eine Energiebewegung oder Energiestruktur, die zu einem Wesen mit manchmal begrenzter Lebensspanne wird.

Gefühlswahrnehmungen und Gefühle (Kategorie 1, 3, 4, S. 39) schaffen i.d.R. keine solchen ‚künstlichen' Wesen, da sie Teil eines natürlichen, unmittelbaren Kreislaufs sind, der uns mit der Natur und dem Alles-Was-Ist verbindet. Die Wahrnehmungen einer Farbe, eines Klangs, eines Geschmacks, eines Geruchs usw. sind Gefühle, oder gefühlte Wahrnehmungen, wie Faggin es ausdrückt. Sie haben es nicht nötig, ein Wesen zu erschaffen und als solches weiterzuleben, möglicherweise weil sie keinen anderen Zweck zu erfüllen haben, als Teil eines Kreislaufs in der Gegenwart zu sein. Allerdings gibt es die grossen Gefühlswesen, wie das Zornwesen, das Mitgefühls-Wesen, etc. die die Essenz, das Urwesen des entsprechenden Gefühls ‚verkörpern'. [38]

Erst wenn wir einen Gedanken produzieren, der mit einer gefühlten Wahrnehmung verbunden ist, wird ein Gedankenwesen geschaffen. Ein Gedanke z.B. wird mit einem Zweck erschaffen: Er soll ausgedrückt, erinnert, verstanden werden, eine Reaktion, eine Zirkulation auslösen, im Sinn eines Hin- und Herfliessens. Sobald dieser Kreislauf abgeschlossen ist, seinen Zweck erfüllt hat, gehört und verstanden wurde, losgelassen ist, löst sich dieses Gedankenwesen auf. Es bleibt noch ein Abdruck im Äthergedächtnis, doch nicht mehr als Wesen. Das Gleiche gilt für bewusst geschaffene Musiknoten. Ihr Wesen löst sich nach einer Weile auf, wenn diese Note ausreichend gehört wurde und damit ihren Zweck erfüllt hat. Dasselbe gilt für Maschinenwesen usw. Wenn sie ihren Zweck erfüllt haben und zum Beispiel physisch zerstört werden, löst sich das Wesen auf.

Alle Wesen haben die Fähigkeit Erinnerungen zu sammeln, auch wenn dies bei einigen eher wie eine automatische, unbewusste Speicherung dessen geschieht, was sie tun und was während ihrer Existenz um sie herum geschieht. Selbst wenn sie keine nennenswerten Ausdrucksmöglichkeiten im üblichen Sinne besitzen, haben diese rudimentären Wesen dennoch die Möglichkeit den Inhalt ihres Gedächtnisses bei Bedarf darzustellen oder mitzuteilen.

Dies veranlasst mich zu der Feststellung, dass eine auf Gefühlen basierende Kommunikation ein direkter, unmittelbarer Kreislauf ist. Ein Gärtner, der einen grünen Daumen hat, kann intuitiv mit den Devas* kommunizieren, um den richtigen Platz zum Pflanzen eines Rosenstrauchs oder eines jungen Baumes zu finden. In dem vom Loire-Tal-Elementarwesen mitgeteilten Beispiel, war ein komplizierterer Dialog erforderlich, der Worte und Gedanken einschloss (Seite 55). Doch muss der Gefühlskontakt erst einmal da sein, um diese Art von Dialog zu ermöglichen. *) siehe S. 54, 73

Die Entfaltung der Schöpfung, sowohl auf makroskopischer als auch auf individueller Ebene, beruht auf zwei Impulsen: dem Impuls der Aktivität und dem Impuls der Anziehung - Abstoßung. Alle Impulse werden durch ein Ziel gelenkt, im Fall der Schöpfung ist es ein göttliches Ziel. siehe auch Brief 5 / S. 24 und 25

Geistwesen

Geistwesen sind empfindungsfähigen Wesen, die *eine bewusste und direkte Verbindung zur geistig-spirituellen Dimension* besitzen. Dies möchte ich hier als ‚Geist' bezeichnen. Es gibt weit mehr Geistwesen ohne, als Wesen mit einem physischen Körper. Es gibt eine große Vielfalt von Geistwesen, von denen Teile der Naturwesen sowie die Engelswesen des Göttlichen Feldes nur zwei Arten sind. Alle Wesen haben allerdings einen Bezug zu ‚Geist', zur spirituellen Dimension. Diese Verbindung kann aber bei ‚Nicht-Geist-Wesen' auf einer sehr unterbewussten Ebene sein. Die Kommunikation mit ‚Nicht-Geist-Wesen' ist möglich, geht aber über ein vermittelndes Wesen z.B. eine Pflanzen Deva, oder einem Holzwesen bei einem Holztisch.

Naturwesen umfassen Naturgeistwesen sowie die unteren drei kleinen Elementarwesen (Gnome, Undinen, Sylphen). Sie werden in meinem Verständnis von der ‚Erdgöttin' geschaffen, wohingegen die Wesen des Göttlichen Feldes von ‚Vater Himmel' oder der ‚universellen Intelligenz' geschaffen wurden.

Während alle Geistwesen bis zu einem gewissen Grad einen freien Willen besitzen und empfindungsfähige Wesen sind, haben einige Wesen weder einen freien Willen noch eine volle Bandbreite von Gefühlen. Die Frage des ‚freien Willens' könnte weiter vertieft werden: So haben laut C beispielsweise die Engel der Sphären 1-7 keinen freien Willen. Ihr Handeln wird durch einen göttlichen Impuls, z.T. auch von höheren Engelwesen gelenkt. Die Wesen der Sphären 8-21 im göttlichen Feld haben jedoch alle einen freien Willen, wie auch die Salamander (Feuer-Elementarwesen) und die Elementarwesen der 5. Art (S. 134). Dennoch ist es für ein fühlendes Wesen im Allgemeinen grundlegend, Entscheidungen über Annahme und Ablehnung, z.B. von Substanzen, treffen zu können. Diese Fähigkeit macht fühlende Wesen zu Individuen, die in der Lage sind, ihren Zweck zu verfolgen, kreativ zur Evolution beizutragen und am Leben zu bleiben. Unter 'freiem Willen' wird normalerweise verstanden, nicht-routinemässige Entscheidungen völlig selbständig, nach eigenem Gutdünken zu fällen und die Konsequenzen einschätzen zu können. Damit entsteht automatisch eine eigene Verantwortung für diese Entscheidungen.

Folgende Übersicht ist grob aber bringt etwas mehr Klarheit in die komplexe Welt der Wesen. Diese kurze Erkundung der Wesen hilft und der Bedeutung eines fühlenden Kontakts, der Empfindungs-fähigkeit bewusst zu werden und dass Naturgeister und Wesen des Göttlichen Feldes etwas Besonderes in der Vielzahl der möglichen Wesen sind.

Entwurf einer Unterscheidung der Wesen

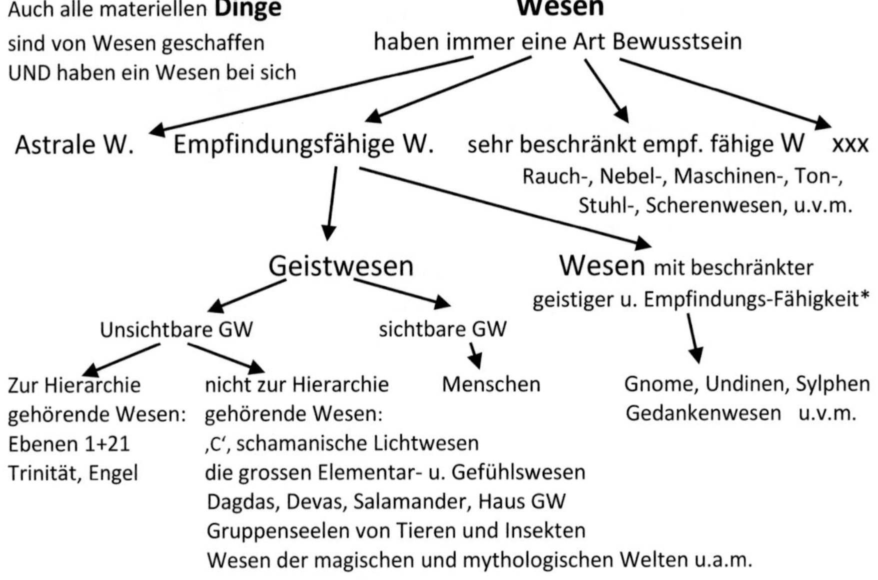

Die Grenze dieses vereinfachten Schemas liegt darin, dass Begriffe wie Bewusstsein, Geist, empfindungsfähig vielschichtig sind. Ich beschränke mich hier auf Lichtwesen.
* diese Wesen können z.B. mit Hilfe höherer Geistwesen mit uns kommunizieren, besitzen aber an sich keinen voll ausgebildeten Geist.

Energiefelder, Quantenfelder

Die Quantenphysik, insbesondere die Quantenfeldtheorie, kann uns eine Vorstellung von den tieferen Mechanismen geben, die am Werk sind. Federico Faggin spricht von 17 bekannten Quantenfeldern. [2] Jedes Feld hat seine eigenen Regeln, Gesetze und Eigenschaften. Jedes Quantenfeld scheint eigenes Universum zu sein.

So verstehe ich auch die Energiefelder um Menschen, Pflanzen und Tieren. Ich weiß wenig über Quantenfelder, aber die Perspektive, dass Physik und Energiewissenschaft sich möglicherweise aufeinander zubewegen, ist sehr interessant.

Ich studiere seit über vierzig Jahren Energiefelder. Ich kann um den menschlichen Körper herum 17 Energiefelder beobachten, die von den Schichten des Ätherkörpers in und um den physischen Körper bis zu den planetarischen und kosmischen Schichten reichen. Unsere Energiefelder verbinden uns mit der Natur und mit allem, was auf dem Planet Erde geschieht, mit dem Universum sowie mit unserer individuellen zeitlosen Seele. siehe Zeichnung Seite 127

Jedes menschliche Energiefeld funktioniert nach eigenen Gesetzen und Eigenschaften und ist eine Welt für sich, weshalb ich sie mit Quantenfeldern vergleiche. Unser mentales Feld zum Beispiel funktioniert mit einer viel höheren Schwingung als das astrale/ emotionale Feld und arbeitet im Wesentlichen mit abstrakten Gedanken, Worten, Konzepten und Bildern. Das astrale/emotionale Feld hingegen arbeitet mit Anziehung/Abstoßung, schmerzhaften Emotionen (im unteren Astralbereich) und feineren Gefühlen wie Mitgefühl, Freude, Gelassenheit (im oberen Astralbereich). Sie haben zwei völlig unterschiedliche Sprachen und Informations- konzepte, auch wenn Emotionen ins untere mentale Feld eindringen und ‚emotionale' Gedanken auslösen können. Das gelingt ihnen nur, weil sie auf Glaubenssätzen beruhen, die wiederum Denkmuster sind. Wir meinen, wir leben in 'einer einzigen Welt' und könnten sie mit einem 'einzigen Alphabet' verstehen. Das ist nicht so. Wenn wir uns bemühen die innere Wirklichkeit verschiedener Energie- und Bewusstseinsfelder zu erleben, entdecken wir schnell mit was für enorm unterschiedliche 'Welten' wir es jeweils zu tun haben, deren Symbolsprache wir zuerst erlernen müssen um sie einigermassen verstehen und erforschen zu können.

Das Gleiche scheint auch für die verschiedenen Schichten des Ätherischen zu gelten. Unser ätherisches Energiefeld ist ein Wunder der Schöpfung, in dem der Übergang von Energie zu physischer Manifestation stattfindet. Es ist ein System aus vier miteinander verbundenen Hauptebenen oder Feldern, die die physische Manifestation bewirken. Doch die Werkzeuge, die jedes ätherische Feld benutzt, unterscheiden sich völlig von den Eigenschaften der anderen drei ätherischen Felder. Im dritten Abschnitt dieses Buches gehe ich auf weitere Einzelheiten ein.

Die Natur des Bewusstseins
Federico Faggin veröffentlichte zwischen Oktober 2020 und April 2021 im Wall Street International Magazine eine bemerkenswerte Reihe von Artikeln über die Natur des Bewusstseins. [2] Er stellt fest, dass nach seiner Beobachtung den Gedanken eine kurze nonverbale Wahrnehmung vorausgehen, eine Art Gefühl oder ‚Quale‘ des Vorhandenseins von Gedanken. Ein ‚Quale‘ (der Plural lautet ‚Qualia‘) ist das, ‚wie sich etwas anfühlt‘. Damit sagt er, dass das Bewusstsein auf Gefühlen und nicht auf einer zerebral-mentalen Aktivität beruht. Dies ist eine revolutionäre Aussage, die die Art und Weise, wie wir zum Beispiel die Natur verstehen, völlig verändert.

"Die Fähigkeit, Gefühle zu haben und ihre Bedeutung zu verstehen, ist die wesentliche Eigenschaft, die ‚erklärt', wie wir wissen. Dies ist die entscheidende Fähigkeit des Bewusstseins."

Wallstreet international Magazine WIM, 11. OKTOBER 2020, FEDERICO FAGGIN, "Nature of Consciousness" [2]

Qualia werden definiert als die Eigenschaften der sinnlichen Erfahrung, also subjektive Effekte, die auf spezifische Weise empfunden werden: Wahrnehmungserfahrungen; Körperempfindungen (Schmerz, Hunger, Lust usw.).

Faggin: "Ich denke, dass das Bewusstsein eine grundlegende Eigenschaft der Quantenfelder ist, die von der Physik noch nicht anerkannt wurde. Ich meine damit, dass jedes Quantenfeld eine bewusste Entität ist, mit einer inneren Realität und einem freien Willen, die mit den anderen bewussten Quantenfeldern kommuniziert."
‚Entität' ist ein anderes Wort für ‚Wesen', beide werden normalerweise zur Beschreibung eines nicht-physischen, unsichtbaren Wesens verwendet.

"Das Bewusstsein existiert nicht in den Teilchen, Atomen oder Molekülen, sondern in den (Quanten-)Feldern und den Feldern von Feldern, von denen Teilchen, Atome und Moleküle die Zustände sind. Die Felder sind also bewusst, jedoch nicht die Zustände."

Das bedeutet, dass physische Einheiten wie ‚ein Baum', ‚eine Blume' oder ‚ein Fluss' nicht als solche bewusst sind, sondern dass die bewussten Wesen dahinter - die Bewusstseinsfelder - bewusst sind. Bewusste Wesen sind im Wesentlichen individuelle bewusste Energiefelder, die einen physischen Körper haben können oder nicht.

"...die Existenz unserer bewussten inneren Realität ist mit den derzeitigen 'Materie-zuerst'-Theorien nicht zu erklären. Das Bewusstsein kann nicht aus der Materie entstehen, ebenso wenig wie Elektrizität und Magnetismus aus Elementarteilchen ohne elektrische Ladung und ohne magnetischen Spin entstehen können. Die derzeitige ,wissenschaftliche' Erklärung, dass das Bewusstsein aus komplexen Organisationen unbewusster Materie entsteht, ist völlig unzureichend, denn Komplexität hat nichts mit Bewusstsein zu tun. Die einzige vernünftige Möglichkeit, Fortschritte zu erzielen, besteht darin, zu postulieren, dass das Bewusstsein eine ireduzierbare Eigenschaft der Natur ist."

WIM, 11 DEZEMBER 2020, FAGGIN: Bewusstsein ist fundamental [2]

Über bewusste Intelligenz in der Natur

Neben der gut erforschten instinktiven Intelligenz verfügt die Natur auch über eine bewusste Intelligenz. Biologen haben zahllose Beispiele von Arten mit einer außergewöhnlichen Intelligenz beschrieben, die Strategien und komplexe Eigenschaften benutzen, die ihnen das Überleben in einer manchmal feindlichen Umwelt ermöglichen. Man könnte diese Eigenschaften als automatische, instinktive, biologische Mechanismen beschreiben. Sie sind das Ergebnis eines langen Prozesses der Anpassung und der Evolution dieser Art. Ich werde nicht weiter auf diesen instinktiven Aspekt der Intelligenz der Natur eingehen, der im Wesentlichen auf der instinktiven, also unbewussten Erinnerung erlernter Reaktionen beruht. Ich möchte mich darauf konzentrieren, wie sich die bewusste Intelligenz von dieser instinktiven Intelligenz unterscheidet, worauf die bewusste Intelligenz der Natur beruht und worin sie besteht.

Der Respekt, den wir gegenüber der Natur empfinden, geht über ihre physischen Erscheinungen hinaus. Wir wissen sehr wohl, dass es einen grundlegenden Unterschied gibt zwischen einem Bahnhof, einem Stuhl, einem Denkmal und den Erscheinungsformen der Natur. Letztere haben eine Dimension, die uns durch ihre Schönheit, ihre Atmosphäre und ihre Gegenwart berührt. Deshalb gibt uns der Aufenthalt in der Natur so viel.

Aber es gibt noch eine andere Dimension: Ein Bahnhof oder ein Stuhl haben weder Gefühle, noch ein Selbstbewusstsein, noch einen freien Willen, alles Merkmale einer bewussten Intelligenz. Jenseits der Gefühlsebene verfügt die Natur über Widerstandsfähigkeit, Anpassungsfähigkeit und Geduld. Wir müssen verstehen, worin dieser Aspekt der Intelligenz der Natur besteht und warum sie sich so verhält, wie sie es tut.
"Das Bewusstsein ist eine grundlegende Eigenschaft der Natur" [2]
Darauf werde ich noch näher eingehen.

Wenn wir argumentieren, dass alle Manifestationen ihren Ursprung in einem bewussten fühlenden Wesen haben, müssen wir eine zusätzliche Unterscheidung treffen. Die berühmte weiße Marmorstatue der Venus von Milo wurde offensichtlich von einem Bildhauer geschaffen, einem intelligenten bewussten Wesen, das nicht mehr lebt. Ein Baum oder ein Flusssystem wurden ebenfalls von einem bewussten, fühlenden Wesen in der Vergangenheit geschaffen, aber sie besitzen zusätzlich in der Gegenwart ein Wesen, das sie am Leben erhält.

**Welche Bedeutung haben die intelligenten
bewussten Wesen in der Natur für die Rechte der Natur?**
Solange wir davon überzeugt sind, dass die Natur nur aus Objekten mit bestenfalls instinktiver Intelligenz besteht, aus Wesen ohne bewusste Intelligenz oder freiem Willen, werden wir sie auch weiterhin so behandeln. Die Kommunikation und Zusammenarbeit mit ihnen eröffnet jedoch die Möglichkeit, aus ihrer Weisheit zu

schöpfen - und zu lernen, wie ihr besonderer Aspekt der Natur funktioniert und welche Auswirkungen menschliche Aktivitäten und andere Veränderungen auf sie haben. Es gibt viele Dimensionen, zu denen wir als Menschen keinen Zugang haben, die jedoch diese Wesen kennen. Die Natur ist ihr Kompetenzbereich. Eine Zusammenarbeit würde die Argumente und Auswirkungen jeder sie betreffenden Entscheidung stärken.

Trotz der beträchtlichen Anstrengungen, die die Wissenschaft unternommen hat, wird die immense Komplexität der Funktionsweise und der Harmonie in der Natur nach wie vor kaum verstanden. Im zweiten Teil werde ich einige der Arbeiten der Naturgeister beschreiben, damit wir ein gewisses Verständnis für ihre Kompetenzbereiche bekommen. Wir alle haben unser eigenes Fachgebiet.

Wie funktioniert ein mögliches intelligentes Bewusstsein in der Natur? Können wir mit ihm kommunizieren?
Welche politischen Konsequenzen hätte das für die Bewegung für die Rechte der Natur und für ökologische Initiativen zu Themen wie Klima, Biodiversität oder Umweltverschmutzung?

Federico Faggin schreibt: "Die Physik beschreibt derzeit ein Universum, das ganzheitlich und dynamisch ist, sich aber nur mit Äußerlichkeiten befasst: messbare Ereignisse, die in Raum und Zeit stattfinden. Um die Existenz von Bewusstsein und freiem Willen zu erklären, müssen wir uns auch mit der Innerlichkeit befassen."

WIM 11. FEBRUAR 2021, FAGGIN, Eins und die Bewusstseinseinheiten [2]

"Die Natur ist nicht nur Materie. Sie ist auch Geist." C.G. Jung,

Paragraph 229, Alchemistische Studien

Max Planck, Nobelpreis für Physik für die Quantentheorie:

"Es gibt keine Materie, nur ein Gewebe von Energien, dem ein intelligenter Geist eine Form gegeben hat. Dieser Geist ist der Ursprung aller Materie." [6]

"Da es aber auch keinen Geist an sich geben kann, sondern jeder Geist zu einem Wesen gehört, müssen wir notwendigerweise Geistwesen annehmen."

Max Planck fährt dann fort, indem er sagt, dass auch Geistwesen nicht aus dem Nichts kommen, deshalb müssen wir annehmen, dass es einen Gott, einen Schöpfer, eine Universelle Intelligenz gibt.

"Ich betrachte das Bewusstsein als grundlegend. Ich betrachte die Materie als ein Derivat des Bewusstseins. Wir können nicht hinter das Bewusstsein kommen. Alles, worüber wir sprechen, alles, was wir als existierend betrachten, setzt Bewusstsein voraus." [6]

Wenn wir den Prozess verstehen wollen, wie Geist oder Bewusstsein zu Materie werden und wie das Leben in einem Baum oder einer Pflanze am Leben erhalten wird, müssen wir untersuchen, was genau mit ‚Gott' gemeint ist. Auf Seite 60-63 gehe ich auf dieses Konzept von ‚Gott' oder Schöpfer ein und beschreibe in sieben Prinzipien, wie die Schöpfung zustande kommt und ihren Ursprung in der ‚Universellen Intelligenz' hat. Den Schöpferimpuls ‚Universelle Intelligenz' zu nennen, ist neutraler als der Begriff ‚Gott', den wir zu personifizieren pflegen und dadurch seine tiefere Realität verschleiern. Damit nähern wir uns dem buddhistischen Konzept der unpersönlichen schöpferischen Kräfte.

Die Begriffe ‚Geist' von Max Planck und Jung müssten genauer betrachtet werden. Sie verwenden die Worte ‚Geist', ‚Geistwesen' und ‚Bewusstsein' offensichtlich synonym. Ich bin mir nicht sicher, wie sie Geist definieren.

Bewusstsein braucht kein Gehirn

Das Bewusstsein basiert im Wesentlichen auf Gefühlen. Bewusstsein ist in erster Linie Bewusstsein von sich selbst als einem separaten Individuum, das sich von anderen und von der Umwelt unterscheidet. Daraus entsteht ein Bewusstsein mit der Fähigkeit zur Wahrnehmung, der Fähigkeit, ein Ereignis, einen Eindringling, die Qualität einer äußeren Substanz usw. wahrzunehmen. All dies definiert, was ein ‚bewusstes Wesen' oder ‚Geistwesen' (in Plancks Worten) ist und warum das Bewusstsein als ‚immer mit einem Wesen verbunden' definiert werden kann. Dies beginnt bei jedem Organismus und setzt sich bis in die zelluläre Ebene fort. Auf jeder Ebene kann der Organismus entscheiden, welche Substanz nützlich ist und sie aufnehmen oder im Gegenteil ablehnen und die Substanz eliminieren.

"Das Bewusstsein ist in der Tat untrennbar mit einem Selbst verbunden. Es ist eine der Kerneigenschaften, die ein Selbst charakterisieren: Es ist seine Fähigkeit, durch Gefühle, durch eine empfindsame Erfahrung wahrzunehmen und zu wissen. Aber das ist noch nicht alles, denn das Bewusstsein kann sich auch dem Selbst zuwenden, so dass es nicht nur die Außenwelt wahrnehmen und erkennen kann, sondern auch sich selbst. Die andere grundlegende Eigenschaft eines Selbst ist die Fähigkeit, mit freiem Willen zu handeln." WIM 11. OKTOBER 2020, FAGGIN, Die Natur des Bewusstseins [2]

Meine geistigen Kontakte 'C' sagen, dass sie Faggins Aussage gerne differenzieren würden. (Dies unterstreicht m.E. wie präzise und durchdacht 'C's Antworten sind). Die sehr kleinen Elementarwesen*, Gnome, Undinen und Sylphen, haben, laut C, nur eine partielle Empfindungserfahrung. Sie können gefühlsmäßig unterscheiden, was für die Erfüllung ihrer Aufgabe nützlich ist und was nicht. Sie verfügen jedoch nicht über die Fähigkeit, Schmerz oder höhere astrale Gefühle wie Freude zu empfinden. Salamander (die

Feuerelementarwesen) verfügen über eine breitere Palette von Gefühlserfahrungen. Jedoch auch Salamander können keinen Schmerz und keine Freude empfinden, haben aber einen Sinn für spirituelle, höhere Gefühle, für das, was spirituell richtig ist, was die anderen drei kleinen Elementare nicht haben. Diese Fähigkeit der Feuerelementarwesen ist auf die Besonderheit des Elements Feuer zurückzuführen, das mit Licht, Wahrheit und der Verbindung zu geistigen Impulsen verbunden ist. *) siehe Seite 71ff

"Wahrnehmung", so Faggin, "ist die Umwandlung eines Signals in ein Gefühl, also eine gefühlte Erfahrung. Die Umwandlung von Signalen in Qualia wird als Wahrnehmung bezeichnet. Die Umwandlung von Qualia in Bedeutung wird Verstehen genannt." Ein Quale (der Plural ist Qualia) bedeutet ‚wie sich etwas anfühlt'.

WIM 11 NOVEMBER 2020, FAGGIN, Qualia, Wahrnehmung und Verstehen [2]

Dieser Prozess umfasst das Unterscheidungsvermögen, das es ermöglicht, zwei Ereignisse, zwei Objekte, einen Eindringling, eine fremde Substanz usw. zu vergleichen. Dann gibt es die Fähigkeit zu entscheiden und zu wählen zwischen dem, was das Wesen als vorteilhaft ansieht und assimilieren möchte, und dem, was es ablehnen und aus seinem System eliminieren möchte. Dies impliziert die Eigenschaft des freien Willens und ein Gefühl für den Zweck: der Wunsch, am Leben zu bleiben, seine Existenz als Individuum zu verfolgen, sich weiterzuentwickeln und sich durch Entscheidungen, Vorlieben und Handlungen auszudrücken.

Es gibt verschiedene Grade und Nuancen der Wahrnehmung, der Gefühle und der Entscheidungen. Alle diese Fähigkeiten können allein auf der Ebene der Gefühle auftreten, im Grunde ist keine geistig-zerebrale Aktivität erforderlich. Letztere ist, auf die rein physischen Ebene der Manifestation bezogen, dem Menschen

vorbehalten. Über die mentalen Fähigkeiten nicht-physischer Entitäten oder Wesen wissen wir zu wenig.
Bewusstsein besteht im Wesentlichen aus Gefühlen.

Gefühle wirken auf verschiedenen Ebenen

1. nahe physische Körperempfindungen
2. instinktive schmerzhafte Grundgefühle (wie Wut, Angst)
3. verfeinerte Gefühle (wie Freude, Mitgefühl)
4. subtile, spirituelle oder höhere Gefühle

Da wir so sehr daran gewöhnt sind, ein Gehirn und eine sehr aktive intellektuelle Aktivität zu haben, die auf Gedanken basiert, kann es einige Zeit dauern, bis wir diese Sichtweise, der Gefühle als Grundlage für Bewusstsein, verinnerlichen. Unsere Gedankenaktivität kann manchmal so eindringlich sein, wie ein ständiger innerer Radiosprecher, dass man Übung braucht, um Momente zu finden, in denen diese Gedankenaktivität in den Hintergrund tritt und uns erlaubt, die Gefühlsdimension des Bewusstseins wahrzunehmen. Sobald wir diese Erfahrung gemacht haben, können wir leicht erkennen, wie Tiere und jedes bewusste Wesen alle kognitiven Wahrnehmungen auf einer Gefühlsebene abwickeln können.

Die Schwierigkeit, zu erkennen, dass das Bewusstsein auf Gefühlen beruht, kommt von unserer kulturellen Voreingenommenheit und der Gewohnheit, Gedanken und Intellekt so viel Bedeutung beizumessen. Unsere Bildungs- und Schulsysteme basieren auf intellektuellem Lernen und nicht auf Gefühlen. Ich bestehe auf diesem Punkt, da er wesentlich ist, um der von mir vorgeschlagenen Argumentation folgen zu können.

Das Bewusstsein, das einem empfindenden, fühlenden Wesen innewohnt, hat die Möglichkeit, aktiv zu sein. Dieses Wesen kann erschaffen, strukturieren, organisieren und entwickeln, auch wenn dies auf Ebenen mit unterschiedlichem Entwicklungsstand geschieht. Ein solches Wesen ist nicht allein. Bei dem, was Suzanne Simard in der Natur beobachtet, ist es Teil einer komplexen Organisation, eingebettet in eine Hierarchie von Wesen. [7] In ihren jüngsten Forschungen untersucht sie die Art und Weise, wie ‚Mutterbäume' ihre Verwandten erkennen und unterstützen, indem sie Gene und Substanzen an ihre Nachkommen in der näheren Umgebung weitergeben. Federico Faggin spricht von einer Hierarchie von Quantenfeldern, die das 'Große Eine' bilden.

WIM 11.1.2021 FAGGIN, Die Natur des Selbst [2]

Ausgehend von den Erkenntnissen von Suzanne Simard (Die Suche nach dem Mutterbaum) kann man sich vorstellen, dass diese Wesen von einem Berater oder Ältesten und von anderen Wesen unterstützt werden können, die ihnen Impulse und Anweisungen geben und ihnen helfen, ihre Handlungen und Entscheidungen zu orientieren. Sie können auch selbst die Rolle eines Beraters oder Ältesten für ‚jüngere' oder weniger erfahrene Wesen einnehmen und so eine hierarchische Organisation auf der Grundlage von Kompetenz und Erfahrung bilden.

Ein Wal oder ein Bär haben komplexere Wahrnehmungs-, Gefühls- und Entscheidungsebenen als beispielsweise ein einfacher Regenwurm. Die Arbeiten von Peter Wohlleben [8], Prof. Dr. Suzanne Simard [7], Stefano Mancuso und Alessandra Viola [9] geben uns einen Einblick in die Intelligenz von Bäumen und Pflanzen. Jede Pflanze kann die Entscheidung treffen, Stoffe aufzunehmen, abzulehnen oder zu eliminieren. Sie können auch komplexere Entscheidungen treffen. Auch wenn diese Forscher nicht direkt erwähnen, dass hinter einem Baum Geistwesen stehen, wenn sie beschreiben, wie Bäume miteinander kommunizieren und sich gegenseitig durch Düfte und ein Wurzel-Pilz-'Wood Wide Web' warnen, oder wie ‚Mutterbäume' ihre Sprösslinge fördern, indem sie ihnen wohldosierte Mengen an Nährstoffen schicken, so beschreiben sie doch Funktionen eines bewussten, fühlenden Wesens.

Die Hauptsache ist, dass die physische Manifestation eines Baumes sofort stirbt, wenn sich sein geistiger Teil zurückzieht. Ob wir das bewusste Wesen mit dem Baumstamm, den Ästen und Blättern oder eher mit einem separaten, unsichtbaren Wesen identifizieren, hängt von unserer Wahrnehmung und unserem Wissen über die Energiefelder von Bäumen oder Menschen ab.

Was ist bewusste Intelligenz?

Wikipedia [10]: "Intelligenz ist auf vielfältige Weise definiert worden als: die Fähigkeit zur Logik, zum Verstehen, zur Selbstwahrnehmung, zum Lernen, zum emotionalen Wissen, zur Argumentation, zur Planung, zur Kreativität, zum kritischen Denken und zur Problem-lösung. Ganz allgemein kann sie als die Fähigkeit beschrieben werden, Informationen wahrzunehmen oder abzuleiten und sie als Wissen zu behalten, um sie für adaptive Verhaltensweisen in einer Umgebung oder einem Kontext anzuwenden."

Wenn wir einigen Teilen der obigen Wikipedia-Definition folgen, kommen wir im Grunde zu demselben Schluss, was jedes bewusste Wesen fähig ist zu tun, ob sichtbar oder unsichtbar. Im Grunde ist kein Gehirn erforderlich, sondern nur die Fähigkeit zur Differen-zierung. Wie Faggin es ausdrückt: "...woher wissen Sie, dass Sie einen Gedanken hatten? Sie erkennen vielleicht, dass Sie etwas vage über Ihren mentalen ‚Bildschirm' laufen fühlten, was ein schwaches ‚Bild', ein Quale, mit der wesentlichen Bedeutung dieses Gedankens hinterließ. Die meisten Menschen erkennen das kaum bewusste Quale-Bild nicht, bevor es schnell und automatisch in mentale Worte (Symbole) übersetzt wird, und glauben, ihr Gedanke sei direkt in verbaler Form gekommen. Wir haben in der Regel gelernt, die Qualia, die die Essenz eines Gedankens sind, zu ignorieren."

WIM, FAGGIN, 11. OKTOBER 2020, Die Natur des Bewusstseins [2]

Wenn Faggin den Begriff ‚mentaler Bildschirm' verwendet, müssen wir uns darüber im Klaren sein, dass ‚mental' mehr ist als nur intellektuelle Gedanken, sondern auch die viel größere Bewusstheit des Geistes umfasst. In der Tat umfasst das ‚obere Mentale' (siehe Seite 136) Impulse, Intuitionen, Wahrnehmungen von Symbolen usw. alle Wahrnehmungen, die auf höheren Gefühlen oder höheren Arten von Qualia basieren. Noch einmal: Bewusstsein braucht weder Worte noch ein Gehirn.

Vernunft ist die Fähigkeit, den Dingen bewusst einen Sinn zu geben, Logik anzuwenden - nicht widersprüchliche Schlussfolgerungen - und Praktiken, Institutionen und Überzeugungen auf der Grundlage neuer oder vorhandener Informationen anzupassen oder zu rechtfertigen. Logik ('im Besitz der Vernunft, intellektuell, dialektisch, argumentativ') ist das systematische Studium gültiger Schlussfolgerungsregeln, kritisches Denken ist die Analyse von Fakten, um sich ein Urteil zu bilden. [10]

All dies kann von den intelligenten unsichtbaren Wesen hinter der Natur geleistet werden. Die meisten dieser Unterscheidungs- und Analyse-tätigkeiten bedürfen keiner geistig-zerebralen Aktivität. Sie funktionieren genauso gut, wenn man Gefühle als Mittel zur Unterscheidung einsetzt. Erinnern wir uns daran, dass das Bewusstsein im Wesentlichen auf Gefühlen und nicht auf mentaler Aktivität beruht.

Wir können zwischen der kognitiven, wahrnehmenden Seite des Bewusstseins und der Ebene der Intelligenz unterscheiden, die das Wesen anwendet, um zu erkennen, zu bewerten, zu entscheiden und nach seinen Entscheidungen zu handeln.

Faggin erforscht das reiche Spektrum der Gefühlsebenen und wie sie es jedem bewussten Wesen ermöglichen, seine Bedürfnisse, Grenzen und Verbindungen mit dem Ökosystem zu erkennen. (siehe Seite 35)   WIM, FAGGIN, 11. OKTOBER 2020, Die Natur des Bewusstseins [2]

Auch in den folgenden Definitionen von Intelligenz können wir sehen, dass nicht Gedanken, sondern Bewusstsein erforderlich ist:

"Die Fähigkeit, mit kognitiver Komplexität umzugehen"

Linda Gottfredson (1998). "Der allgemeine Intelligenzfaktor" (PDF). Scientific American Presents. [11]

"Die aggregierte oder globale Fähigkeit des Individuums, zielgerichtet zu handeln, rational zu denken und effektiv mit seiner Umwelt umzugehen"

David Wechsler, (1944). Messung der Intelligenz von Erwachsenen. Baltimore: Williams & Wilkins. [12]

'Rationales Denken' kann durch 'Rationale Informationsverarbeitung' ersetzt werden.

Intelligenz ist "... das Ergebnis des Prozesses des Erwerbs, der Speicherung im Gedächtnis, des Abrufs, der Kombination, des Vergleichs und der Verwendung von Informationen und konzeptionellen Fähigkeiten in neuen Zusammenhängen".

Humphreys, L. G. (1979). "Das Konstrukt der allgemeinen Intelligenz". [13]

"... Bewusstsein und freier Wille sind Eigenschaften bestimmter kohärenter Quantenorganisationen, die ausschließlich in der Quantenwelt existieren und die ich als 'Bewusstseins Einheiten' (consciousness units) bezeichne. Um in der klassischen Welt interagieren zu können, benötigen diese Entitäten ein quanten-klassisches System, einen 'Körper', der mit der klassischen Information der objektiven klassischen Welt auf der einen Seite und mit der Quanteninformation der Quantenentität auf der anderen Seite interagieren kann. Soweit ich weiß, sind die einzigen quantenklassischen Systeme, die zu dieser bemerkenswerten Leistung fähig sind, lebende Organismen, von denen bekannt ist, dass sie bereits ein Bewusstsein besitzen."   WIM 11. April 2021 [2]

Die Brücke zwischen der Quantenfeldtheorie und der Energie-wissenschaft könnte man sich vorstellen, wenn man in dem obigen Zitat das Wort ‚Quantum' durch ‚Energie' ersetzt.

Bewusste Intelligenz der Natur
ist der ‚künstlichen Intelligenz' überlegen
Ein kurzer Vergleich mit der ‚künstlichen Intelligenz' (KI) ermöglicht es uns, besser zu verstehen, worin die bewusste Intelligenz in der Natur besteht.

Die Intelligenz der Natur ist weit entfernt von bloßer Computer-'Intelligenz'. "Es gibt keine Beweise dafür, dass elektrische Muster in Computerspeichern oder elektrische Signale, die über elektrische Leitungen laufen, egal wie komplex sie sein mögen, Qualia erzeugen können. Bei einem Roboter können diese elektrischen Muster vernünftige und angemessene automatische Reaktionen hervor-rufen, und die Nachahmung eines bewussten Verhaltens kann so geschickt sein, dass sie uns vorgaukelt, der Roboter habe ein Bewusstsein. Doch **Roboter haben kein Bewusstsein**. Sie tun einfach das, wozu sie programmiert wurden, oder was sie durch ihre künstlichen neuronalen Netze gelernt haben, die von bewussten menschlichen Konstrukteuren mit der ausdrücklichen Absicht geschaffen wurden, menschliches Verhalten zu imitieren. In unserer physischen Welt gibt es Bewusstsein nur in lebenden Organismen.

Roboter haben keine Empfindungen, **keine Gefühle**, keine Selbst-erkenntnis, keinen freien Willen und kein Bewusstsein eines Zweckes, weil diese Eigenschaften nicht von statistischer Materie ohne Bewusstsein stammen können. Wir nehmen nur wahr und verstehen, weil wir fühlen, und unser Bewusstsein ist der stärkste Beweis dafür, dass wir mehr sind als Maschinen. Qualia gehören zu einer anderen Kategorie von Phänomenen als die physikalischen Ereignisse, die wir messen können."

WIM 11 NOVEMBER 2020, FAGGIN, Qualia, Wahrnehmung und Verstehen [2]

Dies ist eine entscheidende Unterscheidung in einer Zeit, in der viele von der KI (AI) fasziniert zu sein scheinen, ohne sich darüber im

Klaren zu sein, dass sie in eine leblose, gefühllose Zukunft führt, in der Roboter geschaffen werden, die weder Gefühle noch Empathie besitzen.

Wir können nun unsere Ergebnisse mit den oben genannten Definitionen von Intelligenz vergleichen, die in Enzyklopädien zu finden sind. Egal, wie sehr wir auf die Details der vorgestellten Definitionen eingehen, wir werden leicht feststellen, dass diese Definitionen perfekt mit unserer Definition eines bewussten, fühlenden Wesens mit oder ohne physische Manifestation übereinstimmen.

Kommunikation mit Naturgeistern
Der Stolperstein für viele Menschen ist die Frage, wie man mit den intelligenten bewussten Wesen hinter den sichtbaren Naturphänomenen kommunizieren kann. Die meisten Menschen glauben bereitwillig, dass es eine Intelligenz gibt, die die Natur geschaffen hat. Sie beschränken sich jedoch auf die Vorstellung, dass dieser Schöpfungsprozess irgendwann in der Vergangenheit stattgefunden hat. Sie können sich nicht vorstellen, dass diese Intelligenz immer noch hinter jeder Manifestation steht, sei es ein Baum, eine Blume oder ein Flusssystem. Ich werde nun Schritt für Schritt erkunden, wozu ein bewusstes intelligentes Wesen fähig ist.

Eigenschaften, die eine Kommunikation zwischen Menschen und bewussten Wesen in der Natur ermöglichen
Eine bewusste Intelligenz, die in der Lage ist, Signale wahrzunehmen, zu assimilieren oder abzulehnen, ist demnach auch in der Lage, Signale von anderen bewussten Wesen wie Menschen wahrzunehmen. Es ist daher nicht verwunderlich, dass ein solches Wesen an einer Kommunikation teilnehmen kann. Dabei ist der Gefühlskontakt wesentlich. Kommunikation mit Naturgeistwesen

kann nicht nur auf einer mentalen Ebene gesucht werden. Ich erinnere Sie jetzt an das, was ich auf Seite 25f untersucht habe. Je nach Wesen und Gesprächspartner sind verschiedene Ebenen der Kommunikation möglich. Diese kann zum Beispiel von einer einfachen JA- und NEIN-Antwort, die Zustimmung oder Ablehnung bedeutet, bis hin zu einem vollständigen Dialog reichen, bei dem ganze Sätze empfangen werden, wie bei den Interviews mit Geistwesen in den Flensburger Heften. [4]

Diese Art der Kommunikation mit einem unsichtbaren Partner wirft eine Reihe Fragen auf. Es bedarf einer strengen und besonders angepassten Methodik um glaubhaft und brauchbar zu sein. Unsichtbarkeit ist eine besondere Bedingung, aber kein unüberwindbares Problem. Ich forsche seit Jahren auf diesem Gebiet. Die vielen Kommunikationen, die ich mit den Naturgeistern hatte, haben durchweg die folgenden Qualitäten gezeigt, die zu einer Grundlage für eine nützliche Kommunikation beitragen können: Kohärenz, Präzision, Beständigkeit im Laufe der Zeit, gesunder Menschenverstand, frei von Ego, Respekt unseres freien Willens, klar, praktisch, kurz, nützlich für das Ökosystem und mit innovativen und oft unerwarteten Einsichten. Siehe auch die erste Seite auf meiner Website.

Der Grad der Komplexität und der Verantwortung, die mit einer Mitteilung verbunden sind, hängt von der Größe des Ökosystems und den angestrebten politischen Zielsetzungen ab. Wenn es darum geht, eine Pflanze oder einen Strauch in einem privaten Garten von einem Ort, an dem sie unglücklich waren, an einen Ort zu bringen, an dem sie gedeihen können, genügt eine Person mit einem ‚grünen Daumen'. Sie wird intuitiv den richtigen Platz erspüren, und es ist ‚nur' der Hauptnaturgeist des Strauchs oder der Pflanze beteiligt.

Wenn es jedoch darum geht, die Rechte für ein ganzes Flusssystem festzulegen oder zu wissen, wie die Natur in einem Feuchtgebiet oder einem anderen größeren Gebiet, das erhalten werden muss, wieder ins Gleichgewicht gebracht werden kann, sollten wir vielleicht einen großen Wasser-Elementarwesen oder den Landschaftsengel des Gebiets kontaktieren. Wir haben gesehen, dass von diesen Wesen erwartet werden kann, dass sie wahrnehmen, was wir tun und worum wir sie bitten. Doch wie können wir sicher sein, mit wem wir sprechen und welche Qualität unsere Kommunikation hat? „Wer ist am Telefon, bitte!".

Siehe Interview mit dem Elementar des Loire-Fluss-Systems Seite 55

Voraussetzungen für die Kommunikation könnten folgende sein: Empfindungsvermögen, bewusste Intelligenz, Wahrnehmung der Fragen des Partners, ein gewisses Maß an freiem Willen und eine Meinung oder die Wahrnehmung einer Wahlmöglichkeit in einer bestimmten Situation, die Wahl einer Antwort und die Bereitschaft zur Kommunikation.

Methodik und der politische Prozess

Die Antworten und das Niveau des Dialogs werden komplexer, wenn es um eine mögliche politische Umsetzung und damit um die Notwendigkeit politisch überzeugender Argumente geht. Ein entscheidender Aspekt ist, dass diese unsichtbaren Wesen in menschlichen Prozessen keine Entscheidungsbefugnis haben. Sie haben die Rolle von Beratern, während wir unseren freien Willen und Entscheidungsfreiheit behalten.

Einige spezialisierte Menschen, nennen wir sie Mediatoren, wissen, wie man diese Art der Kommunikation durchführt. Die adäquaten Kommunikationstechniken können erlernt werden, aber das kann einige Zeit dauern. Das ist nicht ungewöhnlich. Die Wissenschaft verwendet in allen Bereichen zuweilen hochqualifizierte

Instrumente und Techniken, die ebenfalls erlernt werden müssen. Es kann einige Zeit dauern, eine Kultur der Kommunikation mit intelligenten Wesen in der Natur aufzubauen und kompetente Vermittler zu finden. Zu akzeptieren, dass es solche Wesen in der Natur gibt, ist ein entscheidender erster Schritt und gibt ihnen das Gefühl, dass wir uns um sie kümmern und ihr Wissen und ihre Weisheit respektieren. Nach meiner Erfahrung waren diese Wesen immer zu einer Zusammenarbeit mit dem Menschen bereit. Es ist ihr Respekt vor unserem freien Willen, der sie so geduldig sein lässt.

Es bedarf des Verständnisses von Qualitätskriterien, und das lässt sich zusammenfassen als eine Ego-freie Motivation, d. h. das Fehlen jeglicher Suche nach persönlicher Macht und Belohnung. Das ist im Grunde die Abwesenheit von Angst. Es ist eine Frage der tieferen Einsicht, nicht unähnlich dem oben erwähnten ‚mittelalterlichen wissenschaftlichen Dilemma von Newton‘. Wir müssen wissen, wie wir die Angst vor dem Unbekannten und Unsichtbaren überwinden können.

Der Umgang mit einem unbekannten Wissensfeld kann Unsicherheit, möglicherweise Gefühle der Verwundbarkeit und verschiedene Grade der Angst hervorrufen aufgrund des vorübergehenden Verlusts bekannter Bezugspunkte. Wenn wir uns dessen bewusst sind, können wir durch die systematische Erkundung des neuen Feldes Verständnis und Wissen aufbauen. Das beste Mittel gegen die Angst ist nach wie vor eine Kombination aus Verständnis und Einfühlungsvermögen. Verstehen muss eine höhere Perspektive einschließen, einen Überblick verschaffen und den größeren Zusammenhang sehen. Dazu gehört auch die Kontaktaufnahme mit der Intelligenz des Universums bzw. der Natur. Die Schritte sind: gute Erdung, gesunder Menschenverstand, eine fürsorgliche, empathische Verbindung zur Natur und zu unserer eigenen instinktiven Herzensweisheit.

Wir müssen die Naturgeister nicht wirklich sehen, um mit ihnen zu kommunizieren. Die Anwesenheit ihres Energiekörpers, in der Regel eine Energiesäule, kann mit feinstofflicher Wahrnehmung und durch die Anwendung bestimmter Radiästhesie-Werkzeuge deutlich gespürt werden. Was wir vielleicht wissen wollen, ist, wo sich die Naturgeister aufhalten, was ihr Zuständigkeitsbereich ist, welche Probleme und Erkenntnisse sie mit uns teilen wollen und ob sie sich von uns verstanden fühlen. Die Kommunikation ist im Wesentlichen geistiger Art und kann auch auf Distanz erfolgen.

Traditionen der Kommunikation mit nicht-physischen Wesen
Eingeborene Völker, First Nations, Ureinwohner
Ureinwohner auf der ganzen Welt, die ihre angestammten Verbindungen zum Land bewahrt haben, wissen, dass es jenseits aller physischen, materiellen Erscheinungen eine andere Dimension gibt, ein bewusstes Wesen. Jedes bewusste Wesen ist per Definition ein immaterielles System und kann sehr wohl ohne eine physische Manifestation existieren. Wie wir gesehen haben, ist der Prozess, der als Bewusstheit des Selbst beschrieben wird, mit einem Gefühl für den Zweck verbunden, mit der Möglichkeit wahrzunehmen, zu unterscheiden, auszuwählen und zu handeln, und ist nicht auf physische Manifestationen beschränkt. Die physische Manifestation als Insekt, Pflanze, Tier, Mensch sind einige Beispiele für Lebens-manifestationen, aber physische Manifestation ist keine Notwendigkeit für die Existenz eines bewussten Wesens. Gewisse bewusste Wesen können unsichtbar bleiben. Dies gilt im Allgemei-nen für alle Elementarwesen, vom kleinsten bis zum größten Wesen, zum Beispiel für diejenigen, die für das Flusssystem der Loire, des Rheins, der Donau, der Rhone oder der Dordogne verantwortlich sind. Diese Flusssysteme erstrecken sich über riesige Gebiete, einschließlich all ihrer Zuflüsse, Feuchtgebiete und Seen.

Die Fallgrube des neo-schamanischen Ansatzes und des Kopierens von Ureinwohnern

Die Eingeborenen zu kopieren, die dieses Wissen über Jahrhunderte hinweg bewahrt haben, ist keine Lösung. Wir können sie respektieren und von ihnen lernen, aber sie nicht kopieren, wie in dem Artikel von Dr. Jacques Mabit brillant beschrieben: Amazonas-Schamanimus und die westliche Welt: zwischen Ermutigung und Warnung [19].

Wir haben nicht die generationenalten Traditionen und das Verständnis der Ureinwohner. Diese sind immer an ihre lange Geschichte, ihre Kultur und ihr geografisches Gebiet gebunden und können nicht auf andere Länder übertragen werden. Wir hier in Europa müssen einen Weg der Zusammenarbeit finden, der zu unserer heutigen Kultur und unseren Problemen passt. Sehr wahrscheinlich gehört dazu ein eher analytischer und detaillierter Ansatz ('liebende Intelligenz', siehe S. 60ff), kombiniert mit einem ganzheitlichen Verständnis des betreffenden Ökosystems ('intelligente Liebe').

"Wir lebten vom Reichtum des Waldes, vom Reichtum der Flüsse und vom Reichtum der Ozeane. Und es war ein ganzheitlicher Lebensstil, in dem Sinne, dass alle Dinge einen lebendigen Geist hatten. Uns wurde eine Lebensweise gegeben, um in Harmonie und Respekt mit diesen Geistern zu leben." Zunigha, Delaware-Stamm [23]

"...wir müssen uns an unsere Verantwortung als Menschen erinnern, die übermenschlichen Gemeinschaften zu schützen die unsere 'engen spezifischen Existenzbedingungen' aufrechter-halten. Ohne die Natur können und werden wir nicht weiter existieren. Indem wir die Rechte der Natur für unsere mehr-als-menschlichen Verwandten etablieren, engagieren wir uns in wechselseitigen Akten der Freundschaft, die notwendig sind, um die Netzwerke von

Nicht-Menschen zu schützen, die alles menschliche Leben
unterstützen." Chelsea Fairbank und Barbara With [24]

Dazu ein Zitat von Ureinwohnern Kanadas:
"Unsere Ureinwohner verstehen sich als eins mit der Natur. Sie
haben nicht einmal ein Wort für ‚Umwelt', weil sie eins sind. Und sie
betrachten Bäume, Pflanzen und Tiere, die natürliche Welt, als
Wesen, die ihnen gleichgestellt sind. Es gibt also das Baumvolk, das
Pflanzenvolk, und sie hatten Mutterbäume und Großvaterbäume
und die Erdbeerschwester und die Zedernschwester. Und sie
behandelten sie - ihre Umwelt - mit Respekt, mit Ehrfurcht." [7]
Interview mit Prof. Dr. Suzanne Simard in der Zeitschrift Emergence, 3. Mai 2021

Die Verwendung des Begriffs (Baum-)'Volk' usw. ist interessant, da
er das Vorhandensein eines Bewusstseins und das Potenzial zur
Teilnahme an der Kommunikation impliziert.

Im Folgenden werden einige Beispiele für die Konsequenzen
politischer Entscheidungsprozesse in Bezug auf die Natur
aufgeführt. Man könnte noch viele weitere wertvolle Beispiele
anführen, wie die Saami-Traditionen in Nordskandinavien und die
Ureinwohner des Amazonasgebiets. Bei der Suche nach den
Ansichten der Saami habe ich gelesen, wie oft sie von den offiziellen
Regierungen missachtet und fehlinterpretiert wurden, so dass sie
sich schliesslich weigerten, ihre traditionellen Ansichten über
Naturgeister mitzuteilen. Wahrscheinlich ist aus ähnlichen Gründen,
auch in den Rechte-der-Natur Initiativen, kaum etwas zu hören von
direkten Kommunikationen zwischen traditionellen Gemeinschaften
und Naturgeistwesen.

Nach über dreihundert Jahren Lächerlich-Machen, Verachtung und
Hexenjagd ist dies auch nicht weiter verwunderlich.

Irland

1999 wurde Eddie Lenihan in Irland berühmt, als er das Parlament der Grafschaft Clare und die nationale Straßenbaubehörde davon überzeugte, eine neu geplante Straße von einem Feenbusch in der Nähe von Ennis zu verlegen. Wie alle anderen unsichtbaren Naturgeister haben auch die kleinen Elfen eine wichtige Funktion im Ökosystem. Die Bewohner der Grafschaft Clare hatten sich dieses Verständnis offensichtlich bewahrt. [25]

Island

In der französischen ethnologischen Zeitschrift 'Ethnologie Française, Vol. 33, von 2003/2004 schreibt Vanessa Doutreleau [26]: "Eine große Tageszeitung in Island beschreibt ein Problem, das im Zusammenhang mit dem Bau eines Krankenhauses gelöst werden musste: "...der Boden schien bereits 'bewohnt' zu sein (von Feenwesen) (Dagur, 13. Februar 1999). Die berühmteste Hellseherin des Landes wurde von den Behörden gebeten, so schnell wie möglich zu kommen, um die Anwesenheit von Huldufolk (eine Art Feenvolk) zu bestätigen oder nicht. Die Beispiele, über die auf den ersten Seiten einer Tageszeitung berichtet wird, sind nichts Außergewöhnliches... Sie alle zeugen von dem mehr oder weniger großen Interesse der Isländer an diesen übernatürlichen Wesen". "....Das Huldufolk sind chtonische Wesen (mythologische Erdgeister), die in der gesamten skandinavischen Welt vorkommen und zur großen Familie der Elfen gehören (Lecouteux, [27])".

Deutschland

Im Laufe der letzten 25 Jahre hat der Verlag der Flensburger Hefte etwa 50 Bücher mit Interviews mit Naturgeistern herausgebracht. Sie legen den Grundstein für eine erweiterte Wissenschaft der Biologie und bringen wertvolle Einblicke in die wenig bekannten Arbeit dieser Wesen, damit die Natur im Gleichgewicht arbeiten kann. Nur zwei dieser Bücher sind bis heute ins Englische übersetzt worden. Eine ganze Reihe von Übersetzungen in verschiedene Sprachen ist vorgesehen. [4]

Biodynamische Landwirtschaft

Forscher in der biodynamischen Landwirtschaft sind es gewohnt, eine Hierarchie von Wesen zu beobachten, die in der Natur wirken. Sie nennen sie Elementarwesen und ordnen sie jeweils einem der vier Elemente zu: Erde, Wasser, Feuer, Luft. [14] Diese Elementarwesen reichen von sehr kleinen bis hin zu sehr großen, deren Territorium manchmal halb Frankreich umfasst. Es gibt Dutzende und oft Hunderte dieser Wesen, die in einer Blume oder einem Baum am Werk sind, neben dem lenkenden Wesen, das ich als Deva eines Baumes oder einer Blume bezeichne. Wenn man sich dies auf der Ebene eines Baumes vorstellt, kann man die Funktion von grösseren Elementarwesen in komplexeren Systemen wie einem Wald, einem Flusssystem, einem Berg, einem Nationalpark, einem Tal, einem See usw. begreifen.

Die biodynamische Landwirtschaft ist eine Form der alternativen Landwirtschaft, die dem ökologischen Landbau sehr ähnlich ist. Sie beinhaltet Konzepte, die auf die Ideen von Rudolf Steiner (1861-1925) zurückgehen. Dabei werden Bodenfruchtbarkeit, Pflanzenwachstum und Tierhaltung als ökologisch zusammenhängende Aufgaben behandelt.

Sehr kleine Elementarwesen, wie Gnome oder Undinen, können bis zu einem gewissen Grad mit den Menschen kommunizieren, haben aber keinen Gesamtüberblick über die Pflanze, den Baum oder die Blume. Sie sind sehr stark auf ihre spezifischen Aufgaben und Kompetenzbereiche konzentriert. Wir werden sehen, dass sie nicht mit allen anderen Elementaren kommunizieren können, da diese zu einem anderen Quantenfeld gehören. Wenn wir ein umfassenderes

Verständnis einer bestimmten Pflanze oder eines Baumes anstreben, müssen wir uns an das ‚lenkende Wesen' des Organismus wenden, die Deva. Man findet sie bei jeder Blume, Pflanze oder jedem Baum, aber auch als Gruppen-Devas für eine Gruppe von Blumen oder Sträuchern desselben Typs. Ich habe auch Devas für Landparzellen beobachtet, wie zum Beispiel für ein Feld oder Teil eines Waldes (S. 74ff). Parzellen Devas scheinen sich im Großen und Ganzen an die menschliche Organisation einer Landschaft anzupassen, indem sie zum Beispiel den Grenzen von Grundstücken folgen, die sich durch Straßen, Hecken, Zäunen oder Veränderungen der Vegetation manifestieren.

Wir haben gesehen, dass die Landschaftsengel oder regionalen Engel die wahrscheinlichsten Kommunikationspartner für ein grösseres geografisches Gebiet sind. Die Devas würden sich bei technischen Fragen oder Problemen an diese Engel wenden. (Siehe die Liste der Wesenheiten für größere Gebiete auf Seite 133.) Die Hierarchien in der Natur haben die Erfahrung und Weisheit, uns diejenigen Wesen zuzuführen, die wir kontaktieren müssen. Es gibt keinen Wettstreit zwischen diesen Wesen, da sie alle ihren spezifischen Platz und ihren Kompetenzbereich genau kennen.

Die Kommunikation mit den Naturwesen muss eingeübt und aufgebaut werden. Es müssen Vermittler gefunden und ausgebildet werden. Die gegenwärtige Änderung der Haltung gegenüber den Naturwesen wird Ergebnisse bringen, da sie spüren, dass wir sie zu respektieren beginnen. Sie zu begrüßen ist immer ein nützlicher erster Schritt, da dies unsere veränderte Einstellung zeigt. Der Rest wird überraschend leicht folgen, auch wenn wir uns nicht so recht vorstellen können, wie. Sie werden uns helfen. Das ist meine Erfahrung.

Ich werde nun ein Interview mit einem großen Wasserelementarwesen des Loire-Flusses in Frankreich wiedergeben, weil ich ein Beispiel für eine Kommunikation geben möchte, wie ich sie erlebt habe. Ich hatte kein Mandat von einer Bürgergruppe, um das Interview zu führen, also gab es kein politisches Ziel. Unser Gespräch konzentrierte sich auf das, was dieses Wesen an diesem Tag mitteilen wollte. Ich erfuhr etwas über die geografische Ausdehnung seines Flusssystems, die auch die erweiterte Mündung ins Meer umfasst. Das Interview zeigt auch, dass er laufend Zugang zu allen Details in seinem riesigen geografischen Gebiet hat.

Ein Gespräch mit dem Loire-Elementarwesen   (10. Juni 2021)
Vor einiger Zeit hast du mir gezeigt, wo du deinen festen Ankerplatz im Loire-Fluss-System hast, in der Nähe von Bonny-sur-Loire. Ist dieser Ort immer noch aktuell? Ja.

Bist du ein sehr großes Wasserelementarwesen? Ja.

Ich möchte dich den Menschen vorstellen, die sich für die Rechte der Natur einsetzen, insbesondere denen, die sich mit dem Loire-Tal befassen, daher wäre es nützlich, wenn du uns helfen würdest zu verstehen, welche Rolle du in diesem Prozess spielen könntest. Auch wenn ich im Moment kein spezielles Mandat dafür habe, darf ich dich jetzt interviewen? Ja.
Wie können wir vorgehen? Hast du ein bestimmtes Anliegen zur Zeit? Nein.
Lasse mich mit meinen üblichen Eröffnungsfragen beginnen.
Geht es dir gut? Ja.
Kann ich im Moment etwas bestimmtes für dich tun? Nein.
Wärest du an einer Zusammenarbeit mit Leuten interessiert, die sich für die Rechte des Loire-Fluss-Systems einsetzen? Ja.
Das Flusssystem der Loire umfasst alle Zuflüsse von ihrer Quelle bis zum Atlantik? Ja.

Gibt es einen bestimmten Abschnitt, der heute besondere Aufmerksamkeit benötigt? Nein.
Gibt es ein bestimmtes Thema, mit dem wir uns heute befassen müssen? Ja.
Können wir das besprechen? Ja.
Geht es um Umweltverschmutzung? Ja.
Handelt es sich um eine vom Menschen verursachte Verschmutzung? Ja.
Durch industrielle Verschmutzung? Nein
Durch genutzte Gewässer? Nein
Durch den Tourismus? Nein
Fischerei? Nein
Boote? Ja.
Irgendeine andere Quelle oder Art von Verschmutzung im Moment? Nein
Handelt es sich um Lastschiffe, die Waren transportieren? Nein
Um einzelne Boote? Nein
Liegt es in der Nähe deiner Mündung in den Atlantik? Ja
In der Nähe von Saint Nazaire? Ja
Handelt es sich um den ‚Port de Comberge‘ in Saint-Michel-Chef-Chef? Ja.
Offensichtlich gehört für dich das Mündungsgebiet bis zur Pointe de St. Gildas zu deinem Flusssystem? Ja
Die Verschmutzung durch den Hafen und die privaten Boote ist das, was du meinst? Ja
Ist das alles, was du heute sagen wolltest? Ja
Habe ich deine Antworten richtig verstanden? Ja.
Ich danke dir. Deine Hinweise sind für mich unerwartet und scheinen mir sehr nützlich zu sein.

Wie so oft zeigt auch dieses Gespräch Kohärenz, Konsistenz, unerwartete Aspekte und ist nützlich und präzise. Wir hatten heute kein bestimmtes Programm oder Mandat. Beide würden den Ablauf eines solchen Gesprächs natürlich beeinflussen.

Obwohl ich die Antworten in einer Ja/Nein-Form mit Hilfe eines Radiästhesiegerätes (einer kleinen Hartmann-Antenne, siehe Seiten 96 und 162) erhalte, habe ich das Gefühl, dass immer auch ein nicht-physisches Wesen bei der Formulierung der Fragen hilft. Die Fragen sind also fast schon Teil der Antwort. Die Interviews fühlen sich immer so an, als hätte man einen intelligenten ‚Menschen' am Telefon: geerdet, direkt, praktisch, nicht egoistisch.

Die Reaktionen der Hartmannantenne erfolgen mit Hilfe des inneren Lebensäthers und dem Mitwirken, laut C, von Wesen der Sphäre 14, den Exusiai* : "Ja" mit einem Schwung nach links, "Nein", die Antenne bleibt in ihrer ursprünglichen Position geradeaus gestreckt. Wenn ich manchmal einen zögernden, unvollendeten Ja-Schwung nach links bekomme, weiß ich i.d.R., dass die Frage nicht präzise genug war.   *) siehe Seite 162

Durch das Studium der Natur und insbesondere durch meinen Dialog mit den Intelligenzen in der Natur wird mir bewusst, wie wichtig es für unsere Zeit ist, die Schönheit und Komplexität der Manifestationen in der Natur zu verstehen.

Der Schlüssel zum Verständnis der Manifestation, des Prozesses der Körperwerdung, liegt zum einen darin, eine Vorstellung davon zu bekommen, worauf die universelle Intelligenz beruht. Es sind grundlegende Gesetze und Prinzipien am Werk.

Der andere wichtige Schlüssel dazu ist, zu verstehen, wie die ätherischen Energiefelder funktionieren. Das Ätherische ist ein Meisterwerk der Schöpfung. In seinen vier Ebenen, oder vier

Äthern, können wir einen Einblick gewinnen, wie die Transformation vom Bewusstsein und ursprünglichen Impuls zur physischen Manifestation wird. Was durch die vier Ebenen des Äthers erreicht wird, kann sich, angesichts der Komplexität der Vorgänge, wie ‚Magie' anfühlen.

Hier drei Zitate von Bob Moore, die mich sehr zum Nachdenken angeregt haben.

"Unser Ätherkörper, der (für uns Menschen) der unterbewusste Teil des Geistes ist, ist ein Lagerhaus für alle unsere Aktivitäten, die wir als gut, schlecht oder gleichgültig bezeichnen könnten. Dort haben wir die Beziehung zu Emotionen, dort haben wir die Beziehung zum oberen Bereich der Emotionen, dem Gefühlsaspekt, dort haben wir die mentale, denkende Aktivität. Dort haben wir die Beziehung zu unserer Individualität, der Essenz- oder Seelenebene, und dort haben wir auch die Integration des Spirituellen. All das ist im Ätherkörper zu finden."

"The etheric, being (for us humans) the subconscious part of mind, is a storehouse of all our activities that we could consider to be good, bad or indifferent. There we have the relationship to emotion, there we have the relationship to the upper area of emotion, the feeling aspect, there we have the mental, thinking activity. There we have the relationship to our individuality, the essence or soul level and there we have also the integration of the spiritual. All can be contained within the etheric."

"Die Verwendung dieser vier Ätherarten, die wir im Ätherkörper sehen, sind nicht nur in unserem Ätherkörper, sie sind auch im Ätherkörper der die ganze Welt umgibt. Deshalb kann die Entwicklung eines Menschen niemals eine singuläre Entwicklung sein, sie muss sich auf andere Menschen und das Universum beziehen."

"The use of these four ethers that we see in the etheric are not just in our etheric, they are also in the etheric around the world. This is why, when we look at the development of any one person, it can never be a singular development, it has got to relate to other people, to the universe."

"Der Reflektoräther ist der höchste Äther, der höchste Energie-kontakt, den wir erreichen können. In diesem Energiekontakt haben wir alles, was nötig ist, wir haben Frieden, Zufriedenheit in uns selbst, wir haben unsere Verbindung mit dem Universum, wir haben eine Beziehung zum Licht, wir haben das, was von diesem Licht durch den chemischen Äther in den Körper eingebracht wird, und dann haben wir das Gleichgewicht des Lebens, das wir im Gleichgewicht mit der Natur und mit uns selbst finden. Der Reflektoräther reflektiert all das als Kombination, ist aber im Wesentlichen auf den Frieden in uns zentriert." Siehe Seite 151

"The reflector ether is the highest ether, the highest energy contact that you can achieve. In that energy contact you have got all the things that are necessary, you have peace, contentment in yourself, you have your connection with the universe, you have a relationship to light, you have what is drawn from that light into the body through the chemical ether and then you have the balance of life which you will find in the balance with nature and yourself. The reflector ether is reflecting all of that as a combination, but centred really on the peace."

"Die Quantenmechanik, die versucht, die Materie in ihrer kleinsten Form zu beobachten, stellt fest, dass alles nicht in Masse, sondern in Energie zerlegt werden kann, wobei man sich die Materie als eine 'verlangsamte' Version der Energie vorstellen kann." [15]

Die Christusbriefe aus dem Jahr 2000 bieten eine zeitgemäße Erklärung dafür, was die Universelle Intelligenz ist. Diese Erklärungen klingen, als könnten sie aus der Quantenphysik stammen und führen uns von einer überholten und irreführenden personifizierten Schöpferfigur weg. Die Überlegungen, die insbesondere im Brief Nr. 5 zu finden sind, geben uns eine Vorstellung vom Ursprung des Bewusstseins und davon, worin der Schöpfungsprozess besteht. [1]

Einige Prinzipien der universellen Intelligenz

1. Das Prinzip: **Alle Manifestation, ob sichtbar oder unsichtbar, hat ihren Ursprung in einem bewussten fühlenden Wesen.**

"Alles im Universum ist sichtbar gemachtes Bewusstsein." Brief 5 / S. 18 [1]

2. Prinzip: **Das Ego hat die Schöpfung ermöglicht.**
Die beiden Grundimpulse der Individualität – Bindung/Ablehnung - schufen die Bedingungen der Individuation, für die Erschaffung von Individuen, die fähig sind, getrennt von anderen zu existieren. Bei den Pflanzen wird diese Individualität gewährleistet durch Grenzen und den doppelten Impuls der Ablehnung und Ausscheidung von Stoffen, die nicht zu ihnen gehören, und der Anziehung, dem anderen Pol, von Stoffen, die die Pflanze ernähren.
"Diese Impulse der Bindung-Ablehnung werden in der individuellen Persönlichkeit auch insofern höchst schöpferisch, als sie die 'Bewusstseinsformen' von 'Gewünschtem' und 'Abgelehntem' bestimmen und sichtbar machen". Brief 5 / S. 26 [1]

3. Prinzip: **Kein Leben ohne Zielgerichtetheit.**
"...die Membran der Zelle fährt fort, diese Arbeit der Selektion von Nahrung und der Ausscheidung von Abfallstoffen unter Aber-milliarden verschiedener Umstände und Bedingungen in Bezug auf das Überleben innerhalb verschiedener Arten und verschiedener Umgebungen zu tun. Ist dies nicht ein Beweis für die Zielgerichtet-heit jeder einzelnen Handlung und jeder einzelnen Spezies, seien es Insekten, Pflanzen, Reptilien, Vögel, Tiere und Menschen?" Brief 5/S. 10[1]

"Die Frage ist: An welchem Punkt der Evolution der Welt ist 'Bewusstsein' zuerst nachweisbar? In der lebenden Zelle? Ein Bewusstsein, das das Leben befähigt, die richtige Nahrung auszuwählen und zu erkennen, welche Stoffe ausgeschieden werden müssen." Brief 5 / S. 14 [1]

Wie kommt das Bewusstsein in die DNS? Ist das Bewusstsein in den lebenden Molekülen und Zellen ... erkennbar, das die Aufnahme ausgewählter Nahrung und die Ausscheidung giftiger Abfälle ermöglicht? Wie erkennt es Giftmüll? Dies bringt uns schließlich auf die Ebene der Atome, der elektrischen Teilchen und der elektromagnetischen Kräfte. Von dort kommt der Elektromagnetismus, der für die grundlegendsten Schritte der Schöpfung verantwortlich ist...

Zu dieser Zielstrebigkeit gehört auch der Impuls zu einem erweiterten Bewusstsein, der uns letztlich über das Ego hinausführt.

4. Prinzip: **Die elektromagnetischen Kräfte
sind die grundlegenden Eckpfeiler aller Manifestation.**

5. Prinzip: **Alles ist Bewusstsein / Erkenntnis.**
"Die primäre, umfassende Natur des Bewusstseins ist Erkenntnis. Es ist nicht möglich, Bewusstsein zu haben, ohne Erkenntnis zu besitzen" Brief 5 / S. 16 [1]

"Alles, was du siehst, alles, was du berührst, hörst, fühlst, weißt, ist sichtbar gewordenes Bewusstsein / Erkenntnis. Es gibt nichts im Universum, was nicht sichtbar gemachtes Bewusstsein ist. Bewusstsein / Erkenntnis ist unendlich und ewig. " Brief 5 / S. 18 [1]

"Du bist der Stecknadelkopf, der Universelles Bewusstsein / Erkenntnis ausdrückt, entweder im Gleichgewicht, wenn du in der Stille der Gedanken meditierst - oder als aktives Bewusstsein, wenn du denkst und fühlst, planst und erschaffst." Brief 5 / S. 23 [1]

"Die ultimative universelle Dimension des Bewusstseins / der Erkenntnis kann ein individualisierter Geist niemals vollständig oder wirklich erfassen. Sie ist unerreichbar. Sie ist im Gleichgewicht. Sie ist die einzige Quelle aller Kraft, Weisheit, Liebe und Intelligenz.

Die universelle Dimension des Bewusstseins / der Erkenntnis im Gleichgewicht ist ein Zustand der Stille und Ruhe, aus dem Klang, Farbe, individualisierte Form und alle sichtbare Schöpfungskraft im sichtbaren Universum kommt." Brief 5 / S 18 [1]

Die Natur des universellen Bewusstseins ist Absicht, ruhend und im Gleichgewicht...ein unendlicher, ewiger, grenzenloser, unermesslicher Zustand kraftvoller Absicht - makellos, rein, schön. Diese Absicht ist es, ihre Natur auszudrücken." Brief 5 / S. 19 [1]

6. Prinzip: **Die Universelle Absicht ist es, der Schöpfung eine individuelle Form zu geben und sie zu erleben.**
"... das 'Vater-Mutter-Bewusstsein' ist im Gleichgewicht innerhalb des Universellen Bewusstseins wobei 'das Vater-Bewusstsein' die Universelle Intelligenz ist, die Elektrizität benutzt, und das 'Mutter-Bewusstsein' die Universelle Liebe ist, die Magnetismus benutzt."
Brief 5 / S 20 [1]

„Das Vater-Bewusstsein ist die liebende Intelligenz, die der Welt der vielschichtigen Formen intelligente Tatkraft und Schwung verleiht - physisch ausgedrückt als Elektrizität.

Das Mutterbewusstsein ist die intelligente Liebe, die den individualisierten vielschichtigen Formen einen Zweck und den Impuls zum Überleben gibt - ausgedrückt als Magnetismus - Anziehung & Abstoßung." Brief 5 / S 21 [1]

"Ihr denkt mit elektrischen Impulsen im Gehirn und ihr fühlt mit magnetischen Impulsen in eurem Nervensystem. Sie zentrieren und

verbinden die elektrischen Impulse zu einem zusammenhängenden Ganzen." Brief 5 / S. 24 [1]
Mit 'Nervensystem' sind hier wahrscheinlich auch unsere Gefühle gemeint.

7. Prinzip: **"Die universelle Dimension ist eine Dimension der ungeformten Impulse. Sie enthält keinen Bauplan der Schöpfung. Sie befindet sich in einem Zustand ungeteilter Form."** Brief 5 / S 21 [1]

Was mich dazu bringt zu sagen, dass die Evolution ein ‚Spiel mit offenem Ausgang' ist. Niemand weiß, wohin die Evolution führt, auch nicht die Wesen des göttlichen Feldes. Der Zweck enthält nicht das Endergebnis, sondern nur die Prinzipien der Individuation, der schöpferischen Freiheit, des freien Willens, der Liebe und der Wahrheit.

"... zur Zeit des Urknalls ...wurden 'Vater' Intelligenz & 'Mutter' nährende Liebe gesprengt, um unabhängig voneinander und auch miteinander zu arbeiten. Ihre jeweiligen Werkzeuge waren Elektrizität und Magnetismus. Aus der Sprengung des Gleichgewichts entstand das große Ziel der Selbstdarstellung." Brief 5 / S 22 [1]

"Die universelle Erkenntnis des Seins wurde zum Impuls der individualisierten 'Ich'-Erkenntnis, die Selbstdarstellung erforderte. Leben und Ich-Bewusstsein sind in der Dimension der 'Materie' synonym. Sie wurden das Bewusstsein der 'Materie'." Brief 5 / S 22 [1]

2. Teil

Die täglichen Aufgaben der Naturgeister
Meine persönlichen Forschungen zur Intelligenz der Natur

In diesem Abschnitt versuche ich so detailliert wie möglich zu zeigen, was die Naturgeister tatsächlich tun, wie unschätzbar wertvoll ihre Beiträge sind und warum die Natur ohne ihre Arbeit einfach nicht existieren und funktionieren würde. Wir sind so sehr daran gewöhnt, dass die Natur wächst und meistens auch gut funktioniert. Wir haben grosse Mühe uns vorzustellen, dass hinter dem Sichtbaren eine Vielzahl unsichtbarer Wesen tätig sind.

Meine Forschungen beruhen auf Beobachtungen in der Natur, von Energiestrukturen um Pflanzen, Tiere und Menschen und auf einer zehn Jahre alten Kommunikation mit dem Kollegium der Geistwesen ‚C' (S. 156), sowie auf meinen direkten Kommunikationen mit Naturgeistern und Geistwesen aus dem göttlichen Feld. Bei der Weitergabe von Informationen, die ich von ‚C' erhalte, zweifle ich grundsätzlich nicht an dem, was sie sagen. Diese Aussagen werden hier als Tatsachen formuliert. In den fast zehn Jahren, in denen ich mit ihrer Hilfe recherchiert und geschrieben habe, fand ich ihre Beiträge immer konsistent, intelligent und auf einem gesunden Sinn für die Realität beruhend. Ich beschloss, dass ich ihnen diesen Respekt schuldig bin und nicht jede ihrer Aussagen mit den Worten "es sieht so aus, als ob", "möglicherweise", „offenbar" usw. einleiten werde.

In den letzten fünf Jahren hatte ich mehrere hundert Gespräche mit Naturgeistern. Sie waren meist kurz und basierten auf Ja/Nein-Fragen, die ich über meine Hartmann Antenne erhielt. Diese Kontakte brachten mir ein gewisses Verständnis für ihre Aufgaben und Anliegen. Ich lernte, dass sie sehr daran interessiert sind, mit Menschen in Kontakt zu treten, und dass wir oft auf unerwartet einfache Weise zur Lösung von Problemen beitragen können. An Diese Kommunikationen sind immer sachlich und pragmatisch und fühlen sich erstaunlich ‚normal' an.

Nach einer Phase von etwa zwei Jahren, in der sie bereitwillig erklärten, wo sie sich befanden, wer sie waren und was sie beschäftigte, tauschten wir immer weniger Informationen aus. Ich hatte mich daran gewöhnt, was ihr Umfeld, was ihre Art zu funktionieren ist und welcher Art, im Grossen und Ganzen, ihre Problematiken sind. Ich brauchte nicht alle Details zu wissen, um ihnen zu glauben. Die Interaktionen beschränken sich heute meistens darauf, dass sie um Hilfe bitten, meistens ohne eine Erklärung abzugeben, und ich ihnen Fernheilung durch Gebet oder mit der Harfe schicke.

Ich hätte mir nie träumen lassen, dass ich ihnen mit einem einfachen Gebet oder Harfenklängen helfen könnte, aber das ist es, worum sie mich meistens bitten. Sie geben mir nachher die Rückmeldung, dass das, was ich getan habe, ihnen geholfen hat - für mich kaum fassbar, muss ich sagen. Alle diese Verbindungen beruhen auf konkreten Beobachtungen, die durch diejenigen anderer im Raum anwesenden Personen bestätigt werden.

Die Bitten dieser Wesen kommen in Form von Energielinien, die auf den Kristall zulaufen, den ich auf dem Boden stehen habe. Diese Linien weisen in die Richtung, in der sich die Wesen befinden. Die Rückmeldung, dass meine Aktion ihnen geholfen hat, zeigt sich im sofortigen Verschwinden dieser Energielinien. Ich frage sie auch, ob mein Eingreifen hilfreich gewesen sei, worauf die Hartmann-Antenne immer mit einem klaren JA-Ausschlag nach links antwortet.

Sie können sich darin üben, Energie wahrzunehmen. Sie werden dann selbst erfahren, dass zum Beispiel Energielinien eine Realität sind. Diese Linien begannen sich vor einigen Jahren auf den Kristall zuzubewegen und blieben dort, bis ich mich mit ihnen befasste. Der Grund, warum ein Kristall in dieser Kommunikation eine zentrale Rolle spielt, lässt sich möglicherweise durch die Verwendung von kleinen Kristallen in den alten Radioempfängern erklären. Durch Drehen eines Knopfes richtete man den kleinen Kristall im Inneren des Radiogeräts so aus, dass er auf den gesuchten Sender zeigte.

All diese Erklärungen mögen nicht als ‚wissenschaftlich‘ im herkömmlichen westlichen Sinne betrachtet werden. Ich schlage deshalb vor, dass Sie das, was ich in diesem zweiten Teil des Buches schreibe, mit offenem Geist und gesunden Menschenverstand, nach Kohärenz, seiner potenziell vernünftiger Variante und Nützlichkeit selber beurteilen. Das sind die Kriterien, die ich selbst anwende.

Die Erforschung neuer und unbekannter Gebiete bringt immer ‚außergewöhnliche‘ neue Erkenntnisse. Die westliche Wissenschaft wurde auf alten Paradigmen aufgebaut, die heute nicht mehr unbedingt für jeden Wissenschaftler gültig sind. Beobachtungen in der Natur, speziell wenn es um subtile Energiestrukturen und Wesen geht, können nur persönlicher Art sein. Sie sind rigoros systematisch, jedoch als Beobachtungen in der ersten Person erfolgt, wie das z.B. die tibetische Wissenschaft seit Jahrtausenden sehr exakt praktiziert und beschrieben hat. [37]

Die Bausteine der physischen Manifestation

Wir müssen uns die Energiebausteine der physischen Manifestation ansehen und wie sie miteinander verbunden sind:

- 5 Elemente: Erde, Wasser, Feuer, Luft, Raum/Äther
- 5 Arten von Elementarwesen: Erdelementarwesen, Wasserelementarwesen, Feuerelementarwesen, Luftelementarwesen, Elementarwesen der fünften Art
- 4 Äther: chemischer Äther, Lichtäther, Lebensäther und Wärme-/Reflektoräther
- 4 Schichten des Äthers: chemische Ätherschicht, Lichtätherschicht, Lebensätherschicht, Reflektorätherschicht

Die fünf Elemente

In der westlichen, indischen, tibetischen und altgriechischen Tradition, wie sie z.B. auch vom Schweizer Arzt Paracelsus (1493-1541) beschrieben wurde, steht jedes der fünf Elemente für einen Zustand der Materie in der Natur. Feste Materie wird als das Element ‚Erde' bezeichnet. ‚Wasser' ist alles, was flüssig ist. ‚Luft' ist alles, was gasförmig ist. ‚Feuer' ist der Teil der Natur, der einen Zustand der Materie in einen anderen umwandelt. ‚Äther/Raum' kann als die Energie betrachtet werden, die z.B. in den verschiedenen Energieschichten (oder Quantenfeldern) der menschlichen Aura zu finden ist (siehe Seite 127), wobei das ätherische Energiefeld mit seinen vier Hauptschichten eine davon ist.

Das chinesische System der 5 Energiezustände oder 5 Wandlungen ist anders, wird aber oft verwirrenderweise auch als ‚5 Elemente' bezeichnet, obwohl es sich um ein dynamisches System von wechselnden Energiephasen handelt. Ihr 'Metall' oder 'Holz' z.B.

beschreiben symbolisch jeweils eine Energiephase, wie der Frühling (Holz) eine expansive Phase oder die Kondensation (Metall).

Ich unterrichte seit über 25 Jahren musikalische Improvisation anhand der fünf Elemente. [22] Sie haben sich als eine überraschend genaue Methode erwiesen, um das Energiesystem eines Musikers mit der Qualität seines musikalischen Ausdrucks in Verbindung zu bringen. Einigen Menschen fehlt es zum Beispiel an Fließfähigkeit (Wasserelement), einige müssen vielleicht noch daran arbeiten, mehr ‚Feuer' und ‚Wärme' in ihren Ausdruck zu bringen, nur wenige haben ‚Raum' in ihrer Musik. Bei anderen kann man deutlich die großzügigen Bewegungen der Melodie und das ‚Abheben in der Luft' spüren.

Die Verbindung jedes Elements mit einer Körperzone und einer psychologischen Eigenschaft ist ein Wegweiser, der vielen Menschen hilft, sich weiterzuentwickeln, indem sie sich darauf konzentrierten, ihren Kontakt mit einer schwachen Körperzone und dessen Element zu verbessern.

Ich bin Bob Moore dankbar, der den energetischen Hintergrund der Elemente sowie ihre Verbindung zum menschlichen Körper und dem Chakra-System lehrte. Die fünf Elemente und ihre Qualitäten sind in der indischen Kultur schon seit mehreren tausend Jahren bekannt. Historisch kamen sie über den mittleren Osten und Griechenland zu uns.

Die Qualitäten der fünf Elemente und die Körperzonen

Die fünf Elemente sind nicht nur ein physischer Zustand, sondern können beim Menschen auch mit verschiedenen Körperzonen und Qualitäten in Verbindung gebracht werden, die in der Musik und ganz allgemein im menschlichen Ausdruck zu spüren sind.

Erde ist unser Kontakt zur Erde, zur alltäglichen Realität und ist verbunden mit unseren Füßen, Beinen, dem Wurzelchakra und der Erdung mit all ihren Themen, die die Grundlagen unseres Lebens bilden. Interessanterweise kann man all dies in der Ausdrucksweise eines Menschen hören/fühlen, sei es in der Musik, im Tanz, in der Sprache, usw. Das Erdelement lässt sich leicht am Vorhandensein oder Fehlen von Erdung bzw. Gefühlen der Unsicherheit erkennen.

Das *Wasser*element ist mit dem Bereich oberhalb des Beckens und mit dem Hara-Chakra verbunden, einem Bereich, in dem es außer der Wirbelsäule keine Knochen gibt. Auch hier kann man sehr leicht hören/fühlen, ob der Ausdruck und das Wesen eines Menschen ‚fliessend' sind. Die Sprache wird als natürlich und fließend erlebt, wenn man harmonisch von einem Gedanken zum nächsten übergeht. Die musikalische Qualität des Rhythmus ist ein Ausdruck des Wasserelementes, wobei wir eher von lebendigen, fließenden Rhythmen als von mechanischen Impulsen sprechen.

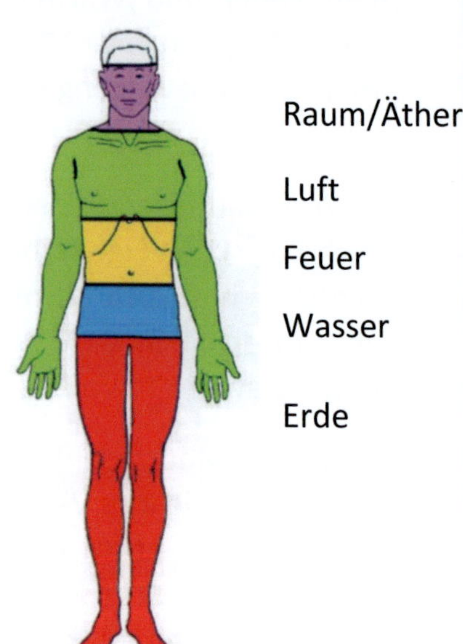

5 Elemente & Körperzonen

Der *Feuer*bereich des Körpers befindet sich in der Mitte des Rumpfes und umfasst die Magengegend und das Solarplexus-Chakra. Die Qualität des Ausdrucks würde sich darin äußern, dass jemand entweder zu zurückhaltend, zu leise, nicht ‚feurig' ist und es ihm an Dynamik in der Sprache mangelt, oder die gegenteiligen positiven Aspekte aufweist.

Die *Luft* Zone des Körpers befindet sich in der Lungengegend und schließt das Herzchakra mit ein. Seine musikalische Qualität würde als großzügige Melodien und Akkorde gehört und gefühlt werden.

Das *Raum*element schließlich befindet sich im Bereich der Kehle und des Schilddrüsen Chakras. Im Ausdruck wird es als Anwesenheit oder Abwesenheit von Stille und Raum gehört und gefühlt.

Wir finden die vier ersten Elemente auch in unseren astrologischen Horoskopen als Teil der Tierkreiszeichen: Stier, Jungfrau und Steinbock sind Erdzeichen, usw. Diese Verbindung wird in der biologisch-dynamischen Landwirtschaft genutzt, z.B. um Wurzel-gemüse unter dem Einfluss des Erdzeichens, Fruchtgemüse unter dem Einfluss des Feuerzeichens und Blattgemüse unter dem Einfluss des Wasserzeichens anzubauen.

Intelligente Wesen in der Natur und ihre Aufgaben

Die fünf Arten von Elementarwesen sind mit den fünf Elementen verbunden:

- Erd-Elementarwesen - Gnome
- Wasserelementarwesen - Undinen
- Feuerelementarwesen - Salamander
- Luftelementarwesen - Sylphen
- Elementarwesen der fünften Art – im Wärme- und Lebensäther

Die kleinsten Elementarwesen sind Naturgeister. Sie sind intelligente, unsichtbare Wesen und existieren hauptsächlich auf einer sehr niedrigen Ebene. Sie können aber auch in allen Größen und Kategorien vorkommen. Sehr große Elementarwesen können einen geografischen Wirkungsbereich haben, der z.B. ein Drittel Frankreichs umfassen kann. Der Schweizer Arzt Paracelsus beschrieb sie im 16 Jhdt.; Rudolf Steiner erwähnte sie zu Beginn des 20.

Jahrhunderts. Die Elementarwesen des fünften Typs gibt es erst seit 1993 und zwar generell erst ab der Stufe oberhalb den kleinsten Elementarwesen [16]. Neben den Elementarwesen wird der Begriff Naturgeist auch für eine Reihe anderer Wesen mit unterschiedlichen Funktionen verwendet.

Wie jedes empfindungsfähige Wesen reagieren auch die Elementarwesen auf jede liebevolle Zuwendung, da dies Energie in ihre obere Reflektorschicht des Äthers bringt. Diese obere Reflektorschicht ist die Schnittstelle zwischen Menschen, Wesen des göttlichen Feldes (hauptsächlich Engelskräfte) und den Elementarwesen.

Die Feuerelementarwesen wirken vorwiegend im Lebensäther, die Wasser- und Erdelementarwesen im chemischen Äther und die Luftelementare in der äußeren Schicht des Reflektoräthers. Die Strukturierung aller Zellen (Form, Ausrichtung der Wurzeln, Rinden, Stämmen usw.) wird von den **Erdelementarwesen** (Gnomen) nach den detaillierten Plänen der Lichtätherrichtlinien vorgenommen. Sie haben die Möglichkeit, aus der Ätherenergie Materieteilchen zu erzeugen. Ihre Bautätigkeit ist bildhaft etwa vergleichbar mit den Bienen, die die Wachsalveolen im Bienenstock bauen.

Das Leben in und zwischen den Zellen wird von den **Wasserelementarwesen** (Undinen) geregelt. Die Wasserelementarwesen befassen sich mit dem Kreislauf der Flüssigkeiten, entweder nährende und auszuscheidende Substanzen. Diese Wasserelementarwesen wissen, wie man aus ätherischer Energie flüssige Partikel erzeugt. Sie nutzen dieses Wissen, wenn sie helfen, Flüssigkeiten in einer Pflanze oder einem Baum zu bewegen.

Die **Feuerelementarwesen** (Salamander) arbeiten hauptsächlich im Lebensäther. Bei Pflanzen sind die Feuerelementarwesen für die Reifung der Blüten, Samen und Früchte verantwortlich. Sie sind zuständig für die Farben, einschließlich des Chlorophyll-Prozesses (Grün), und alle Wärme- und Hitzeprozesse.

Die **Luftelementarwesen** (Sylphen) arbeiten in der äußeren Schicht des Reflektoräthers und erschaffen, spüren und senden Düfte und Gerüche aus. Sie kommunizieren mit anderen Pflanzen über die Luft. Die Arbeiten von Stefano Mancuso und A. Viola berichten darüber [9].

Das Element Luft ist ein Träger von Gedanken und Licht. Es ist mit Begeisterung verbunden. Als Wind verbreitet es nicht nur Pollen. Weite Bewegungen der Gedanken werden von den Luftströmen über Landschaften getragen. "Sylphen sind Boten des Lichts im Kleinen." "...Luftverschmutzung...ist gleichzeitig eine Verschmutzung des Lichts. Die Weisheit entspricht geistig dem Licht. Und wenn die Luft durch menschliche Taten verunreinigt wird, ...dann gelangt das, was die Luft bringt, die Weisheit des Himmels im Licht, in verunreinigter Form auf die Erde." S. 71, [1a]

Die vier ersten Arten Elementarwesen sind Teil der **magnetischen Kräfte** oder des weiblichen Aspekts der ‚intelligenten Liebe' der Schöpfung (siehe Seite 62).

Während die Elementarwesen als die ‚Arbeiter' verstanden werden können, die innerhalb eines der vier Elemente arbeiten, stellt eine andere Kategorie die Verbindung zwischen diesen Arbeitern und der ‚Engels-Hierarchie oder dem Göttlichen Feld' her (ich nenne diese Kategorie ‚Devas'*). Eine andere Art von Wesen hat die Funktion zwischen verschiedenen Arten von Naturgeistern zu vermitteln (ich nenne sie die 'großen Elfen'*). Sie treten in Aktion, wenn Energie-veränderungen stattfinden und ein neues Gleichgewicht zwischen den Wesensarten ausgehandelt werden muss.

Eine andere Art Naturgeister arbeitet an der Schaffung von Atmosphären an Orten (ich nenne sie 'kleine Elfen oder Feen'). Diejenigen, die Verbindungen zwischen Menschen und Naturgeistern herstellen sind die 'Dagdas'*, sowie die Elementarwesen der 5ten Art. Diejenigen, die zwischen den 'Welten' (oder Quantenfeldern) zu agieren vermögen, nenne ich 'Wesen des magischen Reiches', usw.

*) andere Autoren verwenden z.T. andere Namen, aber ihre Rolle bleibt dieselbe

Auch zahlreiche Wesen aus dem göttlichen Feld oder den Engelshierarchien wirken in der Natur, sind aber keine Naturgeister. Ich denke hier zum Beispiel an die Engel, die das unmittelbare Bindeglied zwischen den Devas und den höheren Wesen des göttlichen Feldes sind: Landschaftsengel, regionale Engel, Nationenengel usw.

Siehe Liste am Ende des Buches. und mein Buch über die Erd-Heilen. [16]

Die **Deva** einer Pflanze, Blume oder eines Baumes kann sich in allen vier Ätherschichten bewegen und die Bemühungen aller Elementarwesen koordinieren. Die Elementarwesen können nur innerhalb ihres eigenen Äthertyps arbeiten und können nicht in eine andere Ätherschicht wechseln. Mit Ausnahme der sehr großen können die eine Art Elementarwesen offenbar nicht direkt mit Elementarwesen einer anderen Art kommunizieren, noch können sie diese sehen oder wahrnehmen. Sie kommunizieren mit Hilfe der Deva.

Die Devas sind eine höher entwickelte Spezies als die Elementarwesen. Sie bilden ihre eigene Hierarchie. Die Koordination der Form einer Gruppe von Bäumen z.B. erfolgt durch die Zusammenarbeit der Devas der Bäume. Die höchste Deva in einem Land ist die Deva-Königin. Größere Länder haben manchmal mehrere Königinnen, z.B. Frankreich hat deren vier. Diejenige im Südwesten Frankreichs ist Gründungsmitglied von C, des Kollegiums der Geister von Rocamadour.

Die Elementarwesen

Einige Aufgaben der kleinen bis sehr großen Elementarwesen

Element	Erde	Wasser	Feuer	Luft	Raum
Stufe der kleinsten Elementarwesen	**Gnome** Wurzeln, Rinde, Erde, Tunnels, Gesundheit der Böden Bergbau Bohrungen für Öl usw.	**Undinen** Flüssigkeiten Blätter Stängel Wasserhahn Wasserrohre Flüsse und Wassersysteme aller Art und Größe	**Salamander** Reifungsprozesse Frucht Samen Flammen Wärmeprozesse Heizungen Elektrische Leitungen, Computer, etc.	**Sylphen** Düfte, Dämpfe, Nebel, Wolken, Parfüm Bewegungen der Gedanken	**Elementarwesen der 5ten Art** existieren erst ab der nächst höheren Ebene
Einige Aufgaben der kleinen bis sehr großen Elementarwesen	Gefahr von Erdrutschen, Abholzung, tektonische Bewegungen Erdbeben	Temperatur der Ozeane Wasserverschmutzung Überschwemmungen Gletscher die großen Strömungen ir den Ozeanen Fluss-Systeme	Elektrizität: Erzeugung, Verteilung, Verbrauch Feuer Verbrennungsmotoren Feuerwaffen Sprengstoffe Kernenergie Lichtverschmutzung bei Nacht	Verschwinden von Insekten und Vögeln Luftverschmutzun g, Bienen Klimawandel Breite Luftströme über Länder und Kontinente hinweg	Zusammenarbeit zwischen Menschen und Naturgeistern Probleme der industriellen Landwirtschaft usw.

Über den Königinnen gibt es die Deva-Kaiserin. Es gibt nur eine für die Erde. Unterhalb der Königinnen finden wir die Deva-Prinzessinnen. Es gibt sehr viele von ihnen. Um uns herum, in einem Kreis von 8 km Durchmesser, haben wir acht Deva-Prinzessinnen. Ich habe mehr über viele dieser Wesen in 'L'accès aux mondes invisibles' [20] und ‚Erd-Heilen' [16] geschrieben.

Ein Baum-Deva ist nicht dasselbe wie der Geist des Baumes, Baumundinen oder die Dyade. Wir können mit der Baum-Deva kommunizieren und sie zum Beispiel fragen, ob es ihnen gut geht, ob wir etwas für sie tun können, wo wir einen jungen Baum pflanzen sollen usw. [4b]

Baumgeister sind Artspezifisch. So ist der Baumgeist einer Eiche verschieden vom Baumgeist einer Fichte z.B. Die Baumgeister sind artspezifisch in grösseren Gruppen organisiert, in zweiter Linie dann regional. Innerhalb einer Landschaft sind z.B. alle Eichen in einer Gruppe organisiert, alle Fichten in einer anderen etc. Jede spezifische Gruppe hat ein Gruppenbaumwesen. Während die Baum-Deva quasi die Handwerker, die kleinen Elementarwesen, koordiniert und berät, wacht der Baumgeist über die essenz-spezifischen Eigenheiten des Baumes. Die Flensburger Hefte umfassen auch eine Serie ‚Gespräche mit Bäumen'. [4b]

Die Baum-Devas koordinieren alle Arbeiten, die nötig sind, um einen Baum wachsen zu lassen und seine Gesundheit zu erhalten. Ein Heer von kleinen Elementarwesen verrichtet die Arbeit.

Devas von Pflanzengruppen

In jeder Gruppe von Pflanzen und Blumen können wir ein Deva entdecken. Sie sind als kleine Energiesäule zu spüren. Sie sind verantwortlich für die Arbeit, die in der Gruppe geschieht.

Zudem hat jeder Strauch, jede Blume auch ihre eigene kleine Pflanzen-Deva.

Devas von Landparzellen

Die Deva dieser Feuchtwiesenlichtung befindet sich auf dem Boden unter dem hängenden Ast auf dem Foto. Im Frühjahr ist die ganze Wiese mit gelben Sumpfdotterblumen und etwas später mit gelben Schwertlilien bedeckt.

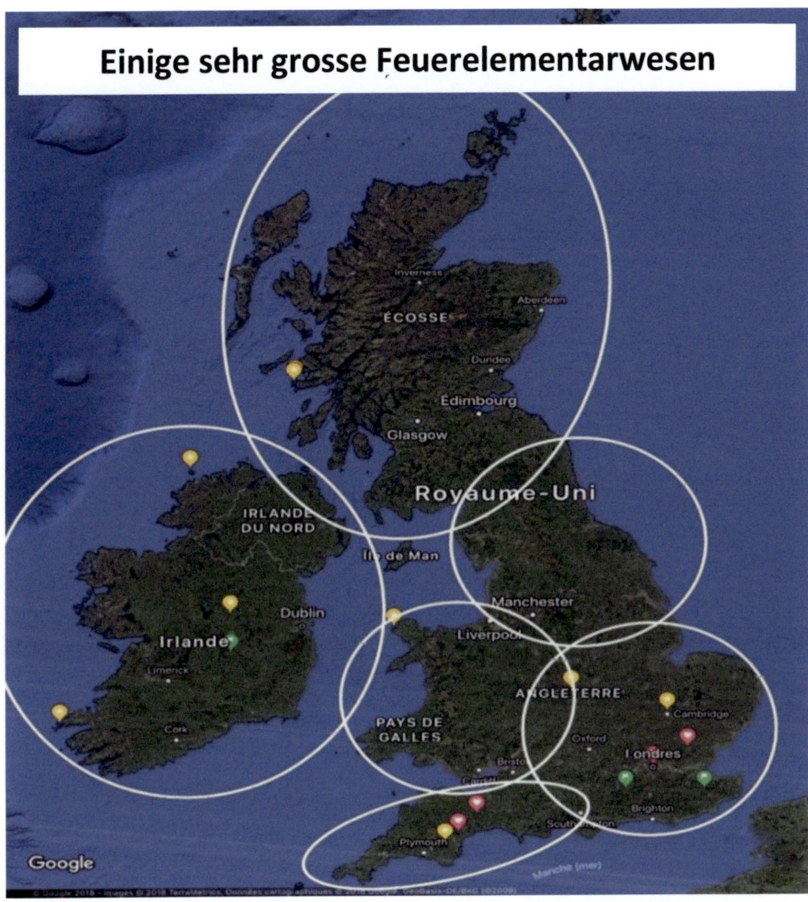

Hier eine Karte der ganz grossen Feuerelementarwesen und ihres Wirkungsgebietes auf den Britischen Inseln und Irland. Die Feuerelementarwesen sind u.a. auch für die Erzeugung von Elektrizität zuständig, deren Verteilung, Verbrauch, die Feuer, Heizungen, Verbrennungsmotoren, Feuerwaffen, Sprengstoffe, Kernenergie, Lichtverschmutzung zur Nachtzeit usw. Innerhalb jedes dieser Kreise finden wir kleinere Kreise für die mittleren Feuerelementarwesen.

Die grossen Elementarwesen der Flusssysteme Englands,
Wales und Schottlands mit ihren Standorten.

Die weißen Punkte habe ich eingezeichnet. Sie sind die Standorte
der Wasserelementarwesen des jeweiligen Flusssystems. Sie können
mit Hilfe der Radiästhesie wahrgenommen werden. Ihre Position ist
stabil. Siehe Interview mit dem Loire Tal-Elementarwesen auf Seite
55.

Karte von Robert Szucs

Flusssysteme Europas mit dem von mir eingezeichneten Standorten

einiger ihrer sehr großen Wasserelementarwesen. Karte von R. Szucs

Die himmlischen Hierarchien

Neben den Naturgeistern, die wir als Wesen der Mutter Erde bezeichnen können, gibt es die Engelshierarchien. Sie bringen die Impulse des Himmels oder der Universellen Intelligenz in die Schöpfung. Der Schöpfungsprozess geschieht durch das Zusammenwirken der himmlischen Energien (männliche Polarität, elektrische Impulse) mit denjenigen der Mutter Erde (weibliche Polarität, die magnetischen Kräfte der Schöpfung).

Siehe auch Liste der 21 Sphären des Göttlichen Feldes im Anhang

Die Organisation der unsichtbaren Welten

Die Universelle Intelligenz
der 'Vater' Impuls
Liebende Intelligenz - Elektrizität
Engelshierarchien
Seraphim Cherubim Throne Cupido ... Erdengel

Landschaftsengel   Nationenengel   Städteengel   Kirchenengel

Die Schöpfung (sichtbar oder unsichtbar)

Die Elementarwesen   Devas   Dagdas   Elfen   u.v.m.

sehr grosse Wasser-Elementarwesen   Elementarwesen der
von ganzen Flusssystemen   Erde, Feuer, Luft, 5. Art

Naturgeistwesen

Der 'Erd-Mutter' Impuls
Intelligente Liebe - magnetische Kräfte

Hierarchien in der Natur

Es mag überraschen, dass Hierarchien in der Natur eine natürliche und harmonische Form der Organisation sind. Wir sind an hierarchische Organisationen nach menschlichem Vorbild gewöhnt, die oft auf Ego, Angst und Machtspielen beruhen. In der Natur hingegen gibt es kein Ego. Die Hierarchien, die in der Natur funktionieren, basieren auf Kompetenz, Weisheit und Erfahrung. Ein Wesen mit mehr Erfahrung und Weisheit wird ganz natürlich von jüngeren oder weniger erfahrenen Kollegen konsultiert.

Die vier Äther

Sie sind die vier formenden Kräfte, die in den vier Ätherschichten wirken und aus den ursprünglichen Impulsen abgeleitet sind: Elektrizität und Magnetismus (Seite 60ff). Der Reflektoräther ist die erste Verdichtungsstufe der elektrischen Kraft, der Lichtäther eine dichtere Form desselben elektrischen Impulses. Seite 114: Die Engelwesen wirken im Reflektor- und Lichtäther.

Der Lebensäther ist die erste Manifestation des magnetischen Impulses oder der Kraft, der chemische Äther die dichtere Phase desselben Impulses. Seite 110: Die Luftelementarwesen wirken im Reflektoräther, die Feuerelementarwesen im Lebensäther und die Wasser- und Erdelementare im chemischen Äther. Die Arbeit des chemischen Äthers organisiert die feinstoffliche Energie zu bestimmten Formen.

Der Ätherkörper   (siehe ausführlichere Beschreibung im 3. Teil)

Das ätherische Energiefeld zeigt die Organisation der vier Äther oder Arten von schöpferischen Kräften in vier Schichten: chemischer Äther, Lichtäther, Lebensäther, Reflektor- oder Wärmeäther.

Der Ätherkörper existiert um Steine, Pflanzen, Tiere, Menschen und den Planeten Erde. Steine und alle physischen, leblosen Objekte besitzen allerdings keinen Wärmeäther, nur die zwei Schichten des Lebensäthers um sie herum sowie den chemischen und den Lichtäther im Innern des physischen Objekts. Das Ätherische wird von den göttlichen Wesen der Sphäre 14 (Exusiai-Engel) hervorgebracht.

(siehe Liste am Ende, Seite 134ff)

Bei lebenden Organismen sorgen diese Wesen für die ständige Energieversorgung des Reflektoräthers eines Organismus, wie unten beschrieben. Der Reflektoräther wandelt sich dann um und bringt die Energieversorgung für den Lebensäther, diese wird auf den Lichtäther übertragen, der wiederum den chemischen Äther des Organismus mit Energie versorgt.

Wenn diese Kette der Energieversorgung unterbrochen oder zu schwach ist, kann der chemische Äther die Zellen nicht am Leben erhalten, was letztlich zum Zusammenbruch der Energiefelder und zum Tod des physischen Organismus führt.

Der gesamte Prozess der Energieumwandlung hängt vom erfolgreichen Zusammenwirken vieler Wesen ab und ist daher ein hochkomplexes Phänomen. Die Wesen der Sphäre 14 sind die lebensspendende Kraft hinter all dem. Die Devas sind die Koordinatoren der Elementarwesen.

Das CO^2 wird von den Luftelementaren eines Baumes umgewandelt, und sein Kohlenstoff C wird - durch die Poren des Blattes - in den chemischen Äther des Baumes gebracht, wo er beim Aufbau der Zellen hilft. Der Sauerstoff O wird an die Luft abgegeben.

Die Nährstoffe in der Erde werden von den Gnomen (Erdelementarwesen) umgewandelt und in den chemischen Äther gebracht. Das physischen Wassermoleküle werden von Undinen umgewandelt und im chemischen Äther wieder verwendet. Die Feuerelementare wandeln die Wärme und Strahlen der Sonne in Energie für den chemischen Äther um.

Die physischen Substanzen allein reichen nicht aus, um einen Organismus am Leben zu erhalten. Alle ‚physischen' Substanzen bringen im Wesentlichen Energie mit sich und wurden von den Wesen der Sphäre 15 (‚Dynameis' siehe Seite 135) geschaffen, um das physische Leben zu ermöglichen. Diese Stoffe sind die Träger der Energie. Im Winter und auch in insektenarmen Zeiten verlangsamt sich der Stoffwechsel eines Baumes.

Natur und Funktion der Wesen aus dem göttlichen Feld übersteigen unser Fassungsvermögen. Ich erwähne sie, unter der Anleitung von C, damit wir uns daran gewöhnen, wie die Wesen des göttlichen Feldes an der Manifestation der materiellen Vorkommnisse beteiligt sind. Wenn unser Bewusstsein dadurch erweitert wird, ist eine bewusstere Kooperation mit diesen Wesen in Reichweite. Die Situation ist mit einem Kolonialwarengeschäft vergleichbar, in dem wir alles Mögliche an Tees und Gewürzen aus Thailand, Indien, Westafrika, Karibik, Himalaya Salz, Sechuantee, etc. finden und üblicherweise keinen Hochschimmer haben, wie das Leben in diesen Ländern wirklich aussieht. Durch die Etiketten erhalten wir jedoch eine gefühlsmässige Verbindung zu diesen Orten und deren Arbeitern.

Obwohl ich weder Biologe noch Chemiker bin, werde ich mich an die folgenden Themen heranwagen, um deutlich zu machen, was Elementarwesen eigentlich tun:

Die Elementarwesen sind die Arbeiter, die auf molekularer Ebene dafür sorgen, dass die Prozesse tatsächlich geschehen.

Unsere Kenntnisse erklären nicht wie ein chemischer Prozess im Detail abläuft. Wir begnügen uns üblicherweise damit, dass das Zusammenbringen zweier Stoffe ausreicht, um den Prozess in Gang zu setzen, als ob z.B. das Mischen von Mehl, Zucker, Butter und Eiern ausreichen würde, um einen Kuchen zu backen, oder als ob das Hineintragen von Schrauben, Drähten, Stahl und Gummireifen in eine Fabrik und das Schließen der Türen ausreichen würde, um das Auto Wirklichkeit werden zu lassen, dass es am anderen Ende herausfährt.

"In Pflanzen spielt das Chlorophyll eine entscheidende Rolle bei der Photosynthese. Das Chlorophyll, das sich in den Chloroplasten der Pflanzen befindet, ist das grüne Pigment, das notwendig ist, damit die Pflanzen Kohlendioxid und Wasser mit Hilfe des Sonnenlichts in Sauerstoff und Glukose umwandeln können. Die Photosynthese in Pflanzen kann mit dem Verdauungssystem verglichen werden, da beide lebenswichtige Elemente aufspalten, um Energie zu erzeugen, die für Ernährung und Wachstum verwendet wird. Ein Teil dieser Energie wird sofort genutzt, ein anderer Teil wird für eine spätere Verwendung gespeichert."
www.gardeningknowhow.com/specieal/children/photosynthesis-for-kids.htm

So weit, so gut. Aber wissen wir, wie die hier beschriebenen Prozesse auf molekularer Ebene tatsächlich ablaufen? Der ganze Prozess spielt sich auf einer energetischen Ebene ab und wird von Elementarwesen vollzogen.

Wir können versuchen, uns das hydraulische System eines Baumes vorzustellen, der bestrebt ist, Wasser zu seinen Blättern, seiner Rinde, seinen Ästen und seinen Wurzeln zu bringen. Man könnte meinen, dass die Verdunstung von Wasser durch die Blätter in der Sonne oder der Kapillareffekt ausreichen, um die Flüssigkeiten in die Baumkrone aufsteigen zu lassen. Wir wären jedoch nicht in der

Lage, ein so komplexes hydraulisches System zu reproduzieren, das das Leben eines Baumes garantiert. Die Flüssigkeiten steigen auch nach oben, wenn es noch keine Blätter gibt und nachdem sie im Herbst bereits abgefallen sind.

Wie könnten die Wasserelementarwesen zu diesem Wassertransport beitragen? Mir wurde von C gesagt, dass sie einen Prozess auslösen, der mit dem atmosphärischen Druck vergleichbar ist - Flüssigkeiten bewegen sich von einem höheren Druck zu einem niedrigeren Druck - was offenbar im chemischen Äther geschieht. Wasserelementarwesen wissen, wie man chemische Ätherenergie in physische Wasserteilchen (H^2O) umwandelt ... und zurück in Energie. Dieses Wissen wird auch bei der Bewegung von Flüssigkeiten in jeder Pflanze und jedem Baum genutzt. Unser Verständnis reicht z.Z. nur soweit, bis wir mehr über den chemischen Äther lernen.

Was wir gewöhnlich vergessen, ist die Aktivität einer bewussten Intelligenz, die den gesamten Prozess steuert. Ohne ein solches Bewusstsein ist keine Manifestation möglich, wie wir gesehen haben. Genauso wie keine Maschine, kein Computer, egal wie ausgeklügelt sie auch sein mögen, Bewusstsein, Gefühle oder einen Sinn erzeugen können.

Sichtbare Beispiele für nicht-physische Einflüsse in der Natur

Auf dem linken Foto können wir sehen, wie das Wachstum eines jungen Kastanienbaums ihn nach rechts zieht, weg von dem ätherischen Feld des großen Kastanienbaums zu seiner Linken. Die Sonne und der Süden befinden sich auf der rechten Seite des Bildes, es ist also nicht der Schatten des großen Baumes, der den kleinen Baum dazu zwingt, sich nach rechts zu beugen. Das ätherische Energiefeld des großen Baumes ist auch auf diesem Foto leicht wahrnehmbar, zum Beispiel mit Radiästhesie-Werkzeugen.

Auf dem Foto rechts sehen wir, wie zwei Bäume eine einzige globale Form annehmen, als ob sie von menschlichen Gärtnern beschnitten worden wären. Dies ist ein Beispiel für eine Gruppen-organisation mit Hilfe eines gemeinsamen Bewusstseins, hier einer Gruppen-Deva.

Heilung der Natur

Braucht die Natur Heilung oder muss sie einfach in Ruhe gelassen werden? Mein Hintergrund ist das spirituelle Heilen, das ich 20 Jahre lang bei dem Heiler Bob Moore erlernt habe und ich seitdem lehre und erforsche. Im Rahmen dieser Tätigkeit sende ich schon seit vielen Jahren Fernheilungen aus. Die Fernheilung richtet sich normalerweise an Menschen, die darum gebeten haben.

Vor einigen Jahren begannen Naturgeister, mich zu kontaktieren und um Fernheilung zu bitten, wobei sie mir sagten, dass ein Gebet ausreichen würde. Nach der Fernheilung ließen sie mich wissen, dass es genau das war, was sie gebraucht hätten. Ich fragte mich, was da vor sich ging und was ich eigentlich dazu beitrug, was sie nicht selbst tun konnten.

Ich erkannte, dass ich als physischer Mensch Dinge tun kann, die sie nicht tun können, z. B. ein Gebet senden, indem ich meine menschlichen Energiefelder benutze: spirituell, mental und meinen Kontakt mit dem Reflektoräther (siehe Seite 127 über die Energiefelder). Mir wurde klar, dass ich vielleicht wie Telefonisten aus alten Zeiten arbeitete: Ich stelle Verbindungen zwischen ihnen und einem Spezialisten im göttlichen Feld her, den sie aus irgendeinem Grund nicht direkt kontaktieren konnten. Vielleicht weil es sich um Wesen in einem anderen Quantenfeld handelt und sie die Verbindung nicht (mehr?) herstellen können.

In den Flensburger Heften stiess ich zum ersten Mal auf die Aussage eines hohen Geistwesens, das erklärte, dass gewisse Engelkategorien sich langsam zurückzögen damit Menschen vermehrt in der

Kooperation mit dem Unsichtbaren eine Rolle übernähmen. C bestätigt dies nun: es seien die ‚Regierenden' (Cupido, Throne, Cherubim und Seraphim), die sich etwas zurückzögen. Dadurch werden Kommunikationslinien mit Geistwesen in unteren Sphären teilweise unterbrochen. Hier müssen nun Menschen einspringen. Das scheint in gewissem Masse den Vermittleraspekt meiner Fernheilungsarbeit zu erklären.

Es gibt weitere Aspekte, die durch diese Fernheilungsprozesse für die Natur für mich deutlicher werden: Im Laufe der Jahre haben diese Wesen mir Aspekte ihrer Funktionsweise erklärt, die Art der Probleme, mit denen sie konfrontiert sind, und wie sie organisiert sind. [16]

Vor einiger Zeit baten sie mich, für sie auf der Harfe zu spielen, anstatt zu beten. Dies führte dazu, dass ich das besondere Potenzial von Harfen und harfenähnlichen Instrumenten für Fernheilung und die dazu erforderliche Funktion des oberen Reflektoräthers entdeckte. Ich bin besonders glücklich über diese Entdeckung, denn seit den frühen 80er Jahren hatte ich meine Arbeit als ‚Musik und Energie' bezeichnet, weil ich glaubte, dass diese beiden Bereiche auf eine Weise miteinander verbunden sind, die ich erst noch entdecken musste. [17]

Die tiefste Heilung geschieht, wenn man den spirituellen Energien erlaubt, die Führung zu übernehmen und sie durch den menschlichen Kanal zu dem Wesen zu leiten, das sie braucht. Ich glaube, dass wir auf diese Weise den größten Dienst leisten. [18]

Mit spirituellen Energien zu arbeiten bedeutet, auf Energien jenseits des Egos und jenseits der persönlichen Suche nach Nutzen oder Anerkennung zurückzugreifen. Sie verbindet uns mit dem äußeren Reflektoräther und über diesen mit dem göttlichen Feld und der spirituellen oder Qualitätsaura. Das ist der Bereich der Aura eines Menschen, der seine spirituellen Qualitäten enthält, die er bei seiner Geburt mit in die physische Dimension gebracht hat. Diese Qualitäten gehören zu einer oder mehreren geistigen Farben oder sogenannten Strahlen. Siehe Seite 129.

Die Zusammenarbeit mit den Naturgeistern ist von gegenseitigem Nutzen und in unserer heutigen Zeit absolut notwendig.

Rückführung von Gebieten in einen natürlichen Zustand
Unser mangelndes Verständnis für die Intelligenz der Natur zeigt sich, wenn ein Teil einer Landschaft wieder der Natur zurückgegeben werden soll. Es ist naiv, das Gebiet einfach ohne menschliche Eingriffe zu belassen und sich vorzustellen, dass es zu einem ‚harmonischen' Naturzustand zurückkehren würde. Dies ist nicht der Fall.

Menschliche Eingriffe können ein Ökosystem so weit zerstören, dass das harmonische Netzwerk der Naturgeister nicht mehr funktioniert, bzw. das Gebiet ‚von allen guten Geistern verlassen ist'. Verschiedene Faktoren können die Rückkehr zu einer gut funktionierenden Organisation der Naturgeister verhindern. Wenn man ein geschädigtes Ökosystem sich selbst überlässt, führt dies häufig zu Chaos und einer unharmonischen Rückkehr der Pflanzenwelt, die sich auf unterschiedliche Weise zeigen kann. Invasive oder besonders schnell wachsende Pflanzen können die Oberhand gewinnen und ein ausgewogenes Nachwachsen einer Vielfalt von Pflanzen und Bäumen verhindern.

In Gebieten, in denen noch eine funktionierende Organisation der Naturgeister vorhanden ist, wird sich jedoch mit der Zeit wieder ein harmonischer Naturraum einstellen. Es gibt auch Menschen mit besonderen natürlichen Fähigkeiten (‚grüner Daumen'), die eine

Wiederbewaldung in die richtige Richtung lenken können. Die Kommunikation mit dem lokalen Landschaftsengel oder dem regionalen Deva kann sehr hilfreich sein.

Die Natur ist ein komplexes aber auch verletzliches System. Es gibt eine weise Hierarchie von Wesen, die zusammenarbeiten, um ein harmonisches Gleichgewicht zu erhalten.

Kahlschläge in Wäldern

Die unglückliche Praxis des Kahlschlags eines ganzen Wald-abschnitts, bei dem keine jungen oder alten ‚Mutterbäume‘ übrigbleiben, schafft ebenfalls ein ähnliches Ungleichgewicht. Das gesamte Ökosystem, die Gemeinschaft von Bäumen, Sträuchern und Unterholz wird zerstört, erst recht, wenn riesige neue Maschinen eingesetzt werden. Bei nassem Wetter hinterlassen diese Maschinen tiefe Furchen, die den Boden soweit umpflügen, dass alle Samen und Triebe tief begraben werden und absterben. Es ist dann unmöglich, dass ein harmonisches Ökosystem wieder wächst. Oft übernehmen schnell wachsende Arten, wie hier in der Dordogne Edelkastanien oder Brombeeren, die Oberhand und lassen keine anderen Arten mehr zu.

Wiederaufforstung

Die großflächige Aufforstung von Bäumen, um dem Klimawandel entgegenzuwirken, stößt auf die gleichen Probleme, wenn sie ohne die Weisheit der Natur durchgeführt wird. Monokulturen und Anpflanzungen in Reihen schaffen kein ausgewogenes Ökosystem und keinen lebendigen Wald.

Natur- und Ökokatastrophen

Da das Bewusstsein für die verschiedenen Ursachen wächst, ist es schwierig geworden, zwischen vom Menschen verursachten oder vom Menschen beschleunigten Umwälzungen in der Natur zu unterscheiden. Die Waldbrände in Kalifornien im Jahr 2020 haben gezeigt, dass die Gewohnheit der Vorfahren, das Unterholz regelmäßig zu roden, ja z.T. abzubrennen, eine sehr gute Vorbeugung gegen ausgedehnte Waldbrände war. Dies ist viele Jahre lang vergessen und vernachlässigt worden. Viele der Waldbrände im Westen Kanadas im Jahr 2021 wurden durch menschliche Nachlässigkeit, aber auch durch Blitzschlag ausgelöst. Im Jahr 2001 veröffentlichten die Flensburger Hefte ein Buch mit Interviews mit Naturgeistern. [4a] (Seither kamen etwa 50 Flensburger Hefte heraus mit dieser Art Interviews.)

Wolfgang Weirauch interviewt darin u.a. den 'Feurigen', ein großes Feuerelementarwesen. "Warum gibt es in letzter Zeit immer mehr Gewitter, besonders in diesem Jahr (2001 vermutlich, oder 2000, je nachdem, wie viel Zeit zwischen Interview und Erscheinungsdatum lag)?" ...Der 'Feurige': "Es lag u.a. an der Zeit, weil die Sterne in bestimmten Konstellationen stehen (feuriger Mars und Sonne in den Feuerzeichen Widder, Löwe oder Schütze, DP), weil sich die Menschen sehr schlecht verhalten und weil die mittleren und oberen Hierarchien ihre Absichten in Form von starken Impulsen auf die Erde schicken. ... Ein Gewitter entsteht zum Beispiel, wenn Gruppen von Menschen versuchen, andere Gruppen von Menschen auszubeuten, sie auf wirtschaftlicher Ebene auszubeuten. Unfairer Handel erzeugt eine Menge Gewitter."

Das geht über unser unmittelbares Verständnis hinaus, und doch spüren wir intuitiv, dass etwas dran ist. Ich erwähne diese Beispiele, weil sie zeigen, dass wir versuchen müssen die Ursachen von Ungleichgewichten und Katastrophen in der Natur viel besser zu verstehen.

Ich denke dabei an natürliche Wasserrückhaltegebiete in Überschwemmungsgebieten, die als natürlicher Wasserspeicher fungieren und es ermöglichen, große Wassermengen im Falle von Überschwemmungen vorübergehend zu speichern und langsam und sicher in die Flüsse und ins Grundwasser abzugeben. * Dies sind Teile der Intelligenz der Natur und hätten möglicherweise große verheerende Überschwemmungen wie die in Belgien und Westdeutschland im Juli 2021 verhindern können. In diesem Fall hat der Klimawandel auch dazu geführt, dass viel größere Wassermengen in die Wolken aufgestiegen sind. Doch warum der Regen in einem relativ kleinen Gebiet niederging, ist wahrscheinlich auf einen anderen Faktor zurückzuführen, den es zu hinterfragen gilt.

*) teilweise entnommen aus wwf.eu Donauhochwasser Natürliche Retentionsräume nötig

In einem Interview mit Naturgeistern [4a] wird angedeutet, dass Erdbeben oft in besonders benachteiligten Gebieten stattfinden, die durch das Ereignis plötzlich mehr Aufmerksamkeit erhalten: Aquila 2009 (Italien), Kaschmir 2005 (Pakistan), Bam 2003 (Iran), Haiti 2010.

Die Intelligenz, die hinter der Natur steht, hat eine Reihe von interessanten und überraschenden Aspekten. Sie gibt uns einen Einblick in die weiteste Definition von ‚Natur‘ und lässt uns die ‚Intelligenz hinter der Welt‘ oder ‚hinter der Schöpfung‘ als Ganzes betrachten.

Strukturelles Umdenken

In naher Zukunft wird ein großes strukturelles Umdenken erforderlich sein, um die verheerenden Fehler der Vergangenheit in Bezug auf unangepasste, umweltschädliche Landwirtschaft, unausgewogene Wassernutzung, um nur einige zu nennen, zu korrigieren. Die Zusammenarbeit mit der Weisheit der Natur ist unumgänglich, da die Probleme so komplex geworden sind, weil wir den Kontakt zu dieser Weisheit über Jahrzehnte, wenn nicht Jahrhunderte verloren haben. Jahrhundertelang dachten wir, wir würden das Ei neu erfinden, und jetzt sehen wir, dass wir vielleicht das Huhn fragen müssen wie man das macht.

Zusammenarbeit mit der Natur

Wir müssen darüber nachdenken, wie wir zu einer harmonischen Koexistenz mit allen Lebewesen, ob sichtbar oder unsichtbar, beitragen können, mit denen wir diese Erde teilen. Es gibt keinen anderen Weg als die Zusammenarbeit mit der Natur, d. h. mit den intelligenten Wesen hinter der Natur. Das bedeutet, sich ihrer bewusst zu werden, sie zu respektieren und sie zu fragen, wie es ihnen geht und was wir für sie tun können. Ob wir persönlich in der Lage sind, eine klare Antwort von ihnen zu bekommen oder nicht, ist zweitrangig. Sich ihrer bewusst zu sein und sie zu fragen, bedeutet bereits, dass wir ihnen Respekt und Mitgefühl zeigen.

Ich erinnere mich, wie ich mich in der Schweiz mit einigen Freunden zu einer Meditation traf und den Quarzkristall in der Mitte des Raumes stellten. Als eine Linie zum Kristall kam, fragten wir, wer diese Linie zu uns brachte und was sie zu bedeuten habe. Es war ein Landschaftsengel in der Nähe des Atomkraftwerks Mühleberg. Er sagte uns, dass die Gegend Heilung brauche, da der Boden um das Kraftwerk bis in eine Tiefe von über 300 Metern verschmutzt sei und niemand dies bemerkt habe. Wir sahen uns an und wussten nicht, was wir dazu beitragen könnten. Wir beschlossen, mit unserem Bewusstsein in unseren Herzen und unter unseren Füßen zu meditieren, tief im Boden verwurzelt, und uns dieses Gebiet um das Kraftwerk vorzustellen. Nach relativ kurzer Zeit verschwand die Linie zum Kristall und der Landschaftsengel sagte uns, dass unsere Meditation geholfen hatte.

Während einer Ausbildungsgruppe bemerkten alle Kursteilnehmer, dass eine neue Art von Signatur am Kristall auftauchte. Sie bestand aus zwei Linien, die ein 30°-Segment bildeten. Mit Hilfe der Ja/Nein-Fragetechnik mit der Hartmann-Antenne fragten wir, wer das sei. Es handelte sich um ein großes Feuerelementar, das sich in einer alten, ungenutzten Kirche in der Mitte von Chartres befand. Er erklärte, dass seine Arbeit von den Emotionen der Menschen in Bezug auf einen neuen intelligenten Zähler (LINKY) beeinflusst wurde, mit dem das Elektrizitätswerk nach und nach die Haushalte ausstattete. Er hatte keine besondere Meinung zu dem Gerät selbst, sagte aber, dass die sehr emotionale öffentliche Debatte seine Aufgabe der Energieverteilung beeinträchtige, da die Stromleitungen neben dem elektrischen Strom gleichzeitig auch Informationen (zum Beispiel von diesem Zähler) transportierten.

Im November 2017 nahm ich Kontakt mit dem Elementarwesen des Flusses Nore in Irland auf. Das Elementarwesen befindet sich an seiner nördlichsten Biegung in der Nähe von Bishopswood, wo der Fluss seine Reise in Richtung Süden beginnt. Der Fluss Nore (irisch: An Fheoir) ist einer der wichtigsten Flüsse in der südöstlichen Region von Irland. Der 140 km lange Fluss entwässert etwa 2 530 Quadratkilometer in Leinster und Munster. Der Fluss beherbergt die einzige bekannte Population der vom Aussterben bedrohten Nore-Süßwasserperlmuschel, und ein Großteil seiner Länge ist als besonderes Schutzgebiet ausgewiesen. Die Wasserbehörde von Abbeyleix hatten, so das Wasserelementarwesen des Flusses, seit zwei Jahren zu viele Chemikalien in das Abwassersystem eingeleitet. Viele der Chemikalien gelangten schließlich in den Fluss Nore. Diese Wasserelementarwesen sind für die gesamten Wasseranlagen (Seen, Teiche, Klärbecken, Kanäle, etc.) in ihrem Gebiet zuständig, nicht nur für den Fluss selbst.

Bei mehreren Gelegenheiten nahmen die Wasserelementarwesen ganzer Flusssysteme (der Dordogne, des Lot und der Loire) Kontakt zu mir auf. Die ergiebigen Regenfälle hatten ungewöhnliche Mengen an Erde in ihre Flüsse gebracht. Sie brauchten Hilfe, um damit fertig zu werden. So wie ich es z.Z. verstehe, verbindet die Fernheilung sie mit einigen Spezialisten des göttlichen Feldes, mit denen sie selbst keinen Kontakt aufnehmen können. Sie berichten hinterher immer, dass die Fernheilung funktioniert hat.

Die zahlreichen Kontakte und Erklärungen, die ich im Laufe der Jahre erhalten habe, zeigen die vielen Aufgaben, die diese Elementarwesen täglich zu bewältigen haben und die uns meist nicht bewusst sind.

Bei zwei Gelegenheiten kontaktierten mich Devas verschiedener Waldabschnitte wegen einer Verschlechterung ihres Waldes durch eine zu große Anzahl von Dachsen, in einem Fall und Hirschen in einem anderen. Der Kontakt mit den Gruppenseelen dieser Tiere führte offenbar zu einer Erleichterung und Beruhigung der Situation. Das Problem mit den Dachsen entstand dadurch, dass sich zu viele Nachkommen in dem Bereich aufhielten, in dem sich ihre Eltern niedergelassen hatten. Die Jungtiere mussten ihr eigenes Revier finden.

Das Tierreich

Viele Initiativen für die Rechte der Natur beziehen sich auf geografisch begrenzte Gebiete. Nach meiner Beobachtung sind die meisten Intelligenzen in der Natur ebenfalls geografisch organisiert. Das Tierreich ist je nach Art unterschiedlich organisiert. Die geeigneten Partner für die Kommunikation mit Tieren sind oft die Gruppen-, Stammes-, Herden- oder Rudelseelen (von Hirschen, Wildschweinen, Lachsen, Bienen, Störchen usw.).

Harmonie in einem Ökosystem bedeutet, alle fühlenden Wesen zu respektieren. Wir müssen bedenken, dass auch andere Arten von Wesen organisiert sein können die möglicherweise anders behandelt werden müssen.

Um von einem ausschließlich anthropozentrischen Ansatz wegzukommen, müssten wir beweisen, dass es einen Weg gibt, mit Flusssystemen, Landschaften, Bäumen, Tieren usw. zu kommunizieren, wie es die ersten Nationen auf der ganzen Welt kennen.

Der Geist des Tals stirbt nie.

Er ist das geheimnisvoll Weibliche,

das jungfräuliche Schwarze,

die Schwarze Jungfrau und Erdmutter.

Die Pforte des geheimnisvoll Weiblichen

wird die Wurzel von Himmel und Erde genannt.

Schwach sichtbar, scheint es, als wäre sie da,

Steter Gebrauch erschöpft sie nie.

Inspiriert von
Tao Te King, Lao Tzu, Kapitel 6

3. Teil

Eine energiewissenschaftliche Sichtweise, wie Bewusstsein zur physischen Manifestation wird

In diesem Abschnitt werde ich einige Gedanken über die Transformation von Bewusstsein oder Energie zur physischen Manifestation darlegen. Ich stütze mich dabei auf die Wissenschaft des geistigen Heilens, wie sie von Bob Moore gelehrt wurde, sowie auf Informationen von ‚C' und meine eigenen Beobachtungen.

Der Ätherkörper ist der Ort, an dem die Transformation von unsichtbarer Energie in physische Materie stattfindet. Dies ist von zentraler Bedeutung, und wenn wir verstehen wollen, wie sich Bewusstsein physisch manifestiert, müssen wir das Ätherische studieren.

Die Entdeckung des Ätherischen

Meine Entdeckung des Ätherischen wurde durch verschiedene Quellen inspiriert. Bob Moore lehrte oft über die Charakteristik der vier Äther und der fünf Elemente. Ich erinnere mich deutlich daran, dass ich jedes Mal, wenn dieses Thema erwähnt wurde, die Ohren spitzte und sorgfältig aufschrieb, was er sagte, auch wenn es nur hier und da ein paar Sätze waren. Ich habe sehr lange gebraucht, eigentlich Jahrzehnte, um mich mit der Funktion der verschiedenen Äther einigermassen vertraut zu machen. Dann gibt es dieses Zitat von Bob Moore über den Reflektoräther als den höchsten Energiekontakt, den wir erreichen können. Seite 151f

Wenn ich über geistiges Heilen und die Schichten der Aura unterrichte, stütze ich mich bei meinen Erklärungen auf meine tatsächliche Wahrnehmung der einzelnen Energiefelder und die Abstände, wie sie von der Hautoberfläche aus zu finden sind. Im Jahr 2003 entdeckte ich, dass sich der Ätherkörper seit der Zeit, in der Bob Moore unterrichtete (1979-99), beträchtlich erweitert hatte. Ich stellte fest, dass der äußere Rand des Reflektoräthers seither etwa 64 cm von der Hautoberfläche entfernt ist, und dass der Rand des Lebensäthers 12 cm von der Hautoberfläche entfernt ist, was früher ungefähr dem früheren Rand des Ätherkörpers entsprach. Durch diese Ausweitung der Schichten war es nun möglich geworden, drei Teilschichten im Reflektoräther und zwei im Lebensäther zu unterscheiden. Mit Hilfe von 'C' erhielt ich eine Erklärung über deren unterschiedliche Funktionen.

Was mich dazu veranlasst, mehr Details über den Äther zu beschreiben, ist mein Wunsch, den vielen aufrichtigen Menschen, die sich z.B. für die Rechte der Natur einsetzen, zu erklären, was die genaue Arbeit der Naturgeister ist, damit sie verstehen können, warum es notwendig und nützlich ist, diese unsichtbaren Intelligenzen in den Prozess der Schaffung von Rechtsansprüchen für die Natur einzubeziehen.

Je mehr ich ins Detail ging, desto mehr Aspekte gab es zu verstehen, wie Energie in physische Manifestation umgewandelt wird; eine Antwort führte zur nächsten Frage. Mir wurde einmal mehr bewusst, wie lange es dauert, Informationen in gefühltes Wissen umzuwandeln. Obwohl ich weit davon entfernt bin, diesbezüglich ein vollständiges Verständnis zu besitzen, hoffe ich, dass ich dazu beitragen kann, die Liebe und den Respekt für die Natur und die Wunder der Schöpfung zu vertiefen. Offensichtlich müssen wir unsere Sichtweise der Biologie und des Lebens im Allgemeinen erweitern und vollständig überdenken.

Der Ätherkörper - Bewusstsein wird zur Manifestation
Die vier Schichten des Ätherkörpers kommen wahrscheinlich dem sehr nahe, was Quantenphysiker als vier verschiedene Quantenfelder bezeichnen, also vier ganz unterschiedliche Welten und Systeme. In diesem Abschnitt (und im Abschnitt über das Ätherische im Anhang) werde ich ausgiebig Bob Moore zitieren, der ein Experte des Ätherkörpers war.

Der Ätherkörper ist ein Schnittpunkt verschiedener schnell fließender Energie, wie Intuition, höherer Bewusstseinsenergie und langsameren Energie wie dem physischen Körper oder der Energie der astralen Aura (Energiefeld der Emotionen und Gefühle) und der mentalen Aura (Energiefeld der Gedanken).

Alle Erfahrungen - in Form von Wahrnehmungen durch unsere Sinne - sind in unserem Ätherkörper gespeichert. Es ist die Funktion des Ätherkörpers, unterschiedslos Energie zu speichern, die dann für das Gedächtnis oder verschiedene Aktivitäten, wie Laufen, Staubsaugen, etc. verwendet werden kann.

Die vier Schichten des Ätherkörpers umgeben und durchdringen jeden lebenden Organismus, die ganze Erde, Pflanzen, Bäume, Tiere und bis zu einem gewissen Grad auch jedes unbelebte Objekt. Eine Schicht kann um bestimmte Pflanzen oder Orte herum stärker ausgeprägt sein. Gegenstände scheinen keinen Reflektoräther zu haben, aber sie sind von der äusseren Schicht – der

Gedächtnisschicht des Lebensäthers umgeben, die sich bis zu 12 cm ausdehnt.

Die vier Schichten des Ätherischen
Chemischer Äther, Lichtäther, Lebensäther und Reflektoräther

Die beiden ersten Schichten befinden sich im Inneren des physischen Körpers und sind von den beiden äußeren Schichten auf der Ebene der physischen Hautoberfläche getrennt. Wir können leicht lernen, die beiden äußeren Schichten zu spüren, da sie wie ein Schichtkuchen aufgebaut sind. Wie bereits erwähnt, erstreckt sich der Reflektoräther bis zu einer Distanz von etwa 64 cm, der Lebensäther bis etwa 12 cm von der Hautoberfläche. Beim Menschen hängt die jeweilige Ausdehnung an einer bestimmten Stelle des Körpers auch davon ab, wie entspannt die Person ist.

REFLEKTORÄTHER
- äußere Schicht*
- mittlere Schicht
- innere Schicht

LEBENSÄTHER
- äußere Schicht
- innere Schicht

Hautoberfläche

LEICHTER ÄTHER / CHEMISCHER ÄTHER

*) diese Schicht variiert von 5-15 cm je nach Person

Auch wenn der Ätherkörper aller physischen Wesen grundsätzlich gleich strukturiert ist, gibt es natürlich beim Menschen einen großen

Unterschied in der Nutzung des Ätherkörpers. Wir können unser Denken einsetzen, um die natürlichen Funktionen des Ätherischen zu unterstützen oder - vor allem durch unsere Emotionen - zu behindern. Andere Lebewesen können dies nicht. Mehr Informationen über Aspekte, die ausschließlich den Menschen betreffen, habe ich in den Anhang gestellt. Im folgenden Abschnitt habe ich Zitate aufgenommen, die von allgemeiner Bedeutung für alle Lebewesen und Pflanzen, Bäume etc. sind. Wenn wir Merkmale des menschlichen Ätherkörpers betrachten, gewinnen wir gleichzeitig auch vermehrt ein Verständnis für das allgemeine Funktionieren des Ätherischen.

Das Ätherische wird oft mit dem Wasserelement verglichen, wegen seiner generell fliessenden Energiebewegung und Energieverteilung. Der menschliche Ätherkörper besitzt ätherische Energieströme (die acht psychischen Ströme, die Bob Moore in seiner Lehre verwendet, chinesische Akupunkturmeridiane, indische Nadis usw.), die für eine allgemeine Energieverteilung sorgen.

Ähnliche Energieströme finden wir auch in Blumen, Pflanzen, Bäumen sowie in einer Landschaft. In der Pflanzenwelt folgen die Energielinien offensichtlich den Zweigen, Ästen und dem Stamm eines Baumes. Auch Bäume haben Energiezentren, vergleichbar mit den menschlichen Chakren. Der Baum hat allerdings nur zwei, eines im Wurzelbereich und ein weiteres zwei Fünftel des Stammes hinauf, genau dort, wo sich normalerweise die Baum-Deva befindet.

"Das Ätherische ist ein Lagerhaus, ein Speicher für Energie. Was diese Energie ist, hat sich unter dem Namen **Prana** eingebürgert. ...Prana ist ein Wort, das aus Indien stammt und Lebenskraft bedeutet. Diese Lebenskraft ist etwas, das Du und ich benötigen; dadurch, dass wir sie brauchen, ist unsere Verteilung dieser Energie sehr wichtig; diese Verteilung spiegelt sich in den

Energiebewegungen aus gewissen Bewusstseinszuständen in diesen ätherisch Energiespeicher wider, und das geschieht mit Hilfe der Chakren. Im Zusammenwirken mit den Chakren, wird diese Kombination von Energie, die wir vorfinden, dann in das Nervensystem reflektiert." Bob Moore

"The etheric is a storehouse, a storage of energy. What that energy is has come rather loosely under the name of **prana**. ...prana is a word that comes from India and means life force. That life force is something that you and I need, but in needing it our distribution of it is very important and so that distribution is reflected in the movement of energy from some states of consciousness into the storage that we have etherically and that is operating through the chakras. In operating through the chakras this combination of energy that we have is then reflected into the nervous system." Bob Moore

Auch die Pflanzenwelt hat eine Art Nervensystem.

Das Ätherische besitzt die dichteste Energie von allen unseren Energiefeldern und schwingt mit einer viel niedrigeren Frequenz als die astralen, mentalen oder spirituellen Schichten. (Zeichnung Seite 126)

Chemischer Äther

Dies ist die Schicht, die sich am tiefsten im Inneren des Körpers befindet und mit dem Element Wasser, mit Klang, Farbe und Zahlen zu tun hat. Die Verbindung mit den Zahlen ist im Periodensystem der chemischen Elemente (Mendelejew) ersichtlich. Der chemische Äther ist für die Ernährung von Knochen, Muskeln, Zellen und Organen verantwortlich. Er steht in Verbindung speziell mit der Leber, der Milz, dem Stoffwechsel, der Assimilation und der Ausscheidung von Substanzen, die nicht in der Verdauung verwendet werden. Sein Symbol ist die untere Hälfte eines Kreises oder der Halbmond.

"Die chemische Ätherstruktur besteht im Grunde aus Farbe. Sie ist in der ganzen Äther-Atomstruktur verkörpert, die dich umgibt, und deshalb musst du die ganze Aktivität wiederbeleben, besonders wenn du einen großen Teil der gespeicherten Energie im Ätherkörper verwendest ... aber dies muss in einem harmonischen Zyklus bzw. einem rhythmischen Zyklus wiederbelebt werden."

"The chemical ether structure is basically **colour**. It's embodied in all the ether atom structure that surrounds you and so that is why you need to revive the whole activity, particularly when you are using a lot of the storage of energy in the etheric ... but it has got to be revived in a cycle of harmony or a cycle of rhythm."

Lichtäther

"Dieser Äther wird auch Wahrheitsäther genannt und ist stark mit dem Element Luft sowie mit universellen Strukturen wie Licht, Liebe und Leben verbunden. Licht ist essentiell für die Heilung von Depressionen und ganz allgemein für die Aufrechterhaltung des Lebens. Der Lichtäther befindet sich direkt unter der Haut und muss lebendig sein und gut pulsieren. Beim Menschen ist er besonders präsent im Bereich des Kopfes und den Zonen, die mit dem Denken zu tun haben. Sein Symbol ist das Dreieck."

"This ether is also called the truth ether and is strongly linked to the element of air as well as to universal structures like light, love and life. Light is essential for healing depression and more generally in the maintenance of life. The light ether is found just under the skin and needs to be vibrant and have a good pulsation. With humans it is very present around the head and especially in the zones linked to thinking. Its symbol is the triangle."

Lebensäther

Dieser Äther ist mit dem Element Erde und dem täglichen Leben verbunden. Er erstreckt sich bis etwa 12 cm von der Hautoberfläche.

Er fühlt sich dichter an als der Reflektoräther. Er ist in zwei Schichten strukturiert. Die hautnahe enthält unsere Sinneswahrnehmungen, die äussere das Gedächtnis dieser Sinneswahrnehmungen. Sein Symbol ist das Quadrat.

Reflektoräther oder Wärmeäther
Diese Schicht des Ätherkörpers ist mit dem Element Feuer verbunden und befindet sich am weitesten von der Hautoberfläche entfernt, also ca. 12-64 cm. Ihr Symbol ist der Kreis.
(mehr über die vier Schichten des Ätherischen ab Seite 140)

"Die ätherische Struktur war bereits vorhanden, bevor euer physischer Körper aufgebaut wurde. In Wirklichkeit ist nicht der Ätherkörper ein Gegenstück zum Physischen, sondern das Physische ist ein Gegenstück zum Ätherkörper.

Die Verwendung dieser Äther, die wir im Ätherkörper sehen, sind nicht nur in unserem Ätherkörper, sie sind auch im Ätherkörper der ganzen Welt, und das ist der Grund, warum, wenn wir die Entwicklung einer Person betrachten, sie niemals eine singuläre Entwicklung sein kann, sie muss sich auf andere Menschen beziehen, sie muss sich auf das Universum beziehen, weil wir all diese Zusammensetzungen von Ätherschichten haben, die um Individuen herum und um die Welt herum zu finden sind, oder, ich würde annehmen, auch um andere Planeten herum zu finden sind. Die gesamte Zusammensetzung der Schöpfung ist also eine, die eine Verbindung zu Strukturen zeigt, die ein Vorgehen gebildet haben, um Dinge zu erschaffen; all das tut das Ätherische.

Das Ätherische, das die Zusammensetzung des Ätherkörpers ausmacht, kann beeinträchtigt werden oder daran gehindert werden, seine natürlichen Bewegungen auszuführen, wenn wir eine Verzerrungssituation verursachen; dann können wir manchmal nicht das erforderliche Gleichgewicht der vier Zustände des Ätherischen nutzen.

Die Energiebewegung, die wir auch in Zusammenhang mit dem Nervensystem beobachten können, bezieht sich auch auf das, was wir sehen, spüren oder ätherisch fühlen. Wir benutzen dieses Wort 'ätherisch' - und es gibt keinen anderen Weg, den ich kenne, um Energie zu vergleichen - wenn wir Energie in ihrer Bewegung betrachten, es sei denn, wir tun es mit Hilfe des Ätherfeldes."

(Bob Moore bezieht sich hier auf den sehr lockeren Gebrauch des Wortes ‚Energie', das im Grunde ein Mysterium bleibt, da es alle Arten von ‚Welten und Quantenfeldern' und die vielen verschiedenen Arten von Energie mit einschließt, über die wir eigentlich sehr wenig wissen.)

"Die ätherische Struktur ist ein Gegenstück zum Physischen. Da sie ein Gegenstück zum Physischen ist, bedeutet dies, dass wir einige Bereiche haben, in denen wir die Energiebewegung mit dem vergleichen, was wir im physischen Körper selbst sehen. Diese Energiebewegung spiegelt sich in den Veränderungen wider, die ständig auf physischer Ebene stattfinden, zum Beispiel in einem Gelenk. Die Veränderung der Bewegung in einem Gelenk ist somit eine Veränderung der Energie, nicht nur nervöser Energie, die wir im physischen Körper sehen, sondern auch der Energie, die wir im Zusammenhang mit der ätherischen Struktur sehen."

Die 4 Äther Schichten

Engelwesen der Sphäre 14 arbeiten in der äusseren
Reflektorätherschicht zusammen mit den Luftelementarwesen

Feuerelementarwesen arbeiten im Lebensäther

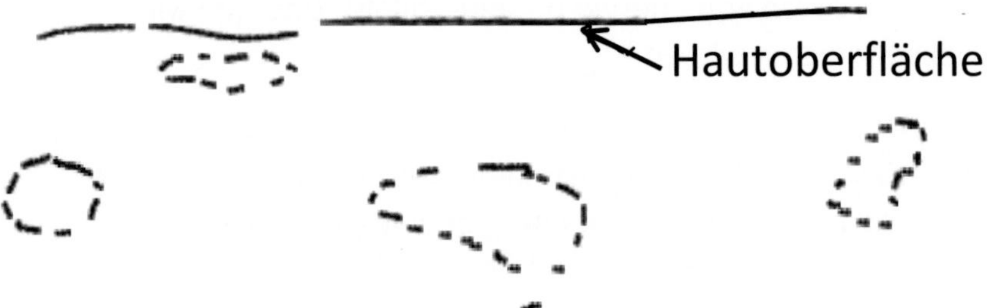

Erd- und Wasserelementarwesen wirken im chemischen Äther;
Engelwesen der Sphäre 15 arbeiten im Lichtäther

Dieses generelle Schema der Anordnung der vier Ätherschichten ist
im Wesentlichen dieselbe bei Menschen, Tieren und Bäumen.

Der Schöpfungsprozess

Vater Himmel - Universelle Intelligenz
elektrischer Impuls

Wesenheiten des göttlichen Feldes

Reflektor-Äther - 'Mächte' (Engelwesen 14)
Gewährleisten allgemeines Gleichgewicht und Bedingungen

Lichtäther - 'Tugenden' (Engelwesen 15), erzeugen
die Lichtstrahl-Strukturen

Chemischer Äther: Wasser- und
Erdelementarwesen

Naturgeister - Devas

Mutter Erde - Universelle Liebe
Magnetismus

Alle Manifestationen des Bewusstseins, beginnend auf der Ebene der Universellen Intelligenz/des Schöpfers, können als eine schrittweise Transformation von Frequenzen durch eine Abfolge von Energie-/Quantenfeldern bis hin zur langsamen Schwingung der physischen Materie verstanden werden.

Die Schritte

von den ursprünglichen Impulsen, die in den oberen Reflektoräther gelangen, hinunter bis in die Materie:

erwähnt S. 60: 1. Prinzip: Alle Manifestation, ob sichtbar oder unsichtbar, hat ihren Ursprung in einem bewussten fühlenden Wesen.

p. 62: 6. Prinzip: Das Universelle Ziel ist es, der Schöpfung eine individuelle Form zu geben und sie zu erleben.

... das 'Vater-Mutter-Bewusstsein' ist im Gleichgewicht innerhalb des Universellen Bewusstseins, wobei 'das Vater-Bewusstsein die Universelle Intelligenz ist, die Elektrizität benutzt, und das Mutter-Bewusstsein die Universelle Liebe ist, die Magnetismus benutzt.

p. 110: Wesen der Engelshierarchien, des Göttlichen Feldes arbeiten im Reflektor- und im Lichtäther:

Die Exusiai - 'Mächte' (Sphäre 14* Engelwesen) : arbeiten im Reflektoräther (z.B. von Pflanzen) und halten das allgemeine Gleichgewicht und die Bedingungen aufrecht, die für den Schöpfungsprozess notwendig sind. *) Liste Seite 135

Dynameis - 'Tugenden' (Sphäre 15 Engelwesen) arbeiten im Lichtäther (z.B. der Pflanzen), indem sie Lichtstrahlstrukturen (Gitter, Linien, platonische Volumen, und dergleichen) erschaffen, die dann zu den präzisen Bauplänen für die Erd- und Wasser-elementare werden, um die Zellen im chemischen Äther zu bauen, der dichtesten Ätherform, die der physischen Materie am nächsten kommt.

Die Wesen aus den Engelshierarchien sind Teil der elektrischen Kräfte der Schöpfung. (siehe Seite 60f)

Auf der Ebene des chemischen Äthers sind es die Undinen (kleine Wasserelementarwesen), die die magnetischen Kräfte in Gang setzen, die das Atom zusammenhalten und die Bestandteile des Atomkerns schaffen: die Neutronen und Protonen. Die Gnome (kleine Erd-Elementarwesen) sorgen für die elektrischen Kräfte, die die Elektronen erzeugen, die den Kern umkreisen. Der Plan, wie viele Elektronen, Neutronen und Protonen zusammengesetzt werden müssen, wie er im Periodensystem von Mendelejew beschrieben ist, ist Teil der Struktur und Information, die im Lichtäther vorhanden ist, zusammen mit der notwendigen Anordnung der Energielinien, um ein bestimmtes Blatt zu erzeugen.

Wir müssen uns daran erinnern, dass auf atomarer Ebene alles Energie ist - nichts ist solid materiell. Was wir als physische Materie betrachten, ist eine mentale/optische Illusion, mit der wir zu leben gewohnt sind. Was im chemischen Äther in Bezug auf die Schöpfung geschieht, ist die Strukturierung von (magnetischer und elektrischer) Energie in einer Weise, die uns die Illusion einer festen physischen Welt gibt.

Aufrechterhaltung und Wiederherstellung des Lebens

Die Schritte zur Aufrechterhaltung und Wiederherstellung des Lebens sind im Wesentlichen dieselben. Das heißt, in den drei unteren Ätherschichten sind fortlaufend dieselben Wesen am Werk, um eine Blume, einen Baum, eine Pflanze am Leben zu erhalten. Ich habe auf Seite 54 beschrieben, dass die lenkenden Wesen der Pflanzen und Bäume die Devas sind. Sie helfen bei der täglichen

Arbeit, das Leben in der Pflanze zu erhalten, ev. zu reparieren und zu schützen.

Die Rolle des Lichtäthers bei der Zellbildung

Die Fotomontage links von Lichtäther-linien an jungen Glyzinien Blättern, ertastet mit der Hartmannantenne (Radiästhesie-Energie-wahrnehmung) durch den Autor. Diesel-ben Linien finden sich dann als Adern im fertigen Blatt wieder. Foto rechts: ausgewachsenes Glyzinien Blatt.

In diesen zwei Bildern sehen wir die beiden letzten Phasen der physischen Manifestation. Die Lichtäther-Wesen bilden das Rückgrat der Struktur, den detaillierten Bauplan, nach dessen Richtlinien die im chemischen Äther wirkenden Wesen die Zellen einbauen. Die gleichen Strukturen, die der Lichtäther hinterlässt, können wir als Adern im ausgewachsenen Blatt sehen.

Vor dieser Bauphase kommen die Baupläne durch den äußeren Reflektoräther (die Schnittstelle zur ‚universellen Intelligenz'); von dort gelangen die Baupläne in den unteren Reflektoräther (Ort der Baupläne des Ätherischen) und von dort direkt in den Lichtäther. Der Lebensäther von Pflanzen tritt vor allem nach der Bauphase in Aktion, wenn die Pflanze physisch lebendig wird.

Vergleichbar mit einem Architekten, der ein Haus entwirft, kommt der Impuls oder der ursprüngliche Detailplan durch den Reflektoräther mit den ‚Tugenden' (Sphäre 15 Engelwesen des Göttlichen Feldes). Sie tragen den Detailplan in den Lichtäther, der sich innerhalb des physischen ‚Körpers' befindet, und schaffen dann die Struktur der Energielinien (siehe Fotomontage eines Glyzinien Blattes). Die ‚Tugenden' sind die Architekten, die intelligenten unsichtbaren Wesen, die ihren Ursprung in dem haben, was wir das göttliche Feld oder das Feld der universellen Prinzipien nennen können.

Der Reflektoräther ist in seiner obersten Schicht die Schnittstelle zur universellen Weisheit (einschließlich der universellen Gesetze, der höheren Wesen, der großen oder sehr großen Naturgeister). Mit Hilfe des chemischen Äthers beginnen sich die Bestandteile der Materie um die im Lichtäther eingeprägten Strukturen zu bilden.

Die Samen einer Pflanze sind der Anfang oder Ausgangspunkt für die Lichtäther-Blaupausen. Sie tragen den genetischen Code, der die Verankerungshilfe für die Baupläne des Lichtäthers ist. Alle Details des Bauplans befinden sich bereits im Lichtäther. Die Details des genetischen Codes sind ausschließlich im Lichtäther tätig. Sie werden von den Wesen der Sphäre 11 (Erzengel Hesediel - Göttlicher Wille) erschaffen und verändert; diese geben die Anweisungen zur Formung des genetischen Codes an die Gnome (kleine Erdelementarwesen) weiter, die im chemischen Äther arbeiten.

Federico Faggin: "Zellen sind quantenklassische Systeme, keine klassischen Systeme, wie man uns gesagt hat. Ihre essentielle Interdependenz mit der Umgebung ist ein weiterer Hinweis darauf, dass sie ihre individuelle Verbindung mit der Ganzheit der Quantenfelder nicht verloren haben. Deshalb glaube ich, dass lebende Zellen ein Bewusstsein haben, auch wenn ihr Bewusstsein wahrscheinlich sehr verschieden von unserem ist."

WIM 11 DEZEMBER 2020, FAGGIN Bewusstsein ist fundamental [2]

Ich habe Schritte des Schöpfungsprozesses anhand eines Glyzinien Blattes beschrieben. Dieser Schöpfungsprozess ist ein Grundmuster für die Schöpfung durch das Ätherische für alle physischen Wesen: Pflanzen, Tiere, Menschen.

Wir müssen uns nun genauer ansehen, wie Energie aus einer Schicht in die nächste Energieart oder Schicht transformiert wird.

Umwandlung von Frequenzen
von einer Schicht des Ätherkörpers hinunter in die nächst dichtere und langsamer schwingende Schicht

**Der Reflektoräther der großen Bäume -
und die Umwandlung seiner Frequenz durch Klang**
Ein großer Baum kann einen sehr großen Reflektoräther haben, der sich besonders im Sommer weit über den Durchmesser seiner Krone hinaus ausdehnt. Das ist der Energiespeicher des Baumes. Im Winter ist sein Reflektoräther-Feld deutlich kleiner. Diese Reflektoräther-Energie wird durch den Umwandlungsprozess von CO_2 in Sauerstoff und Kohlenstoff erzeugt. Die Umwandlung vom höheren Reflektor-äther in die langsamer schwingende Energie des Lebensäthers erfolgt - laut ‚C' - durch das Summen der fliegenden Insekten rund um den Baum. Der Ton ist auf einer einzigen Frequenz, und man kann ihn leicht hören. Ich habe festgestellt, dass er beständig bei 256 Hz oder C liegt (bei A auf 432 Hz gestimmt); 256 Hertz scheint der Frequenz des Lebensäthers zu entsprechen.

Für weitere Einzelheiten siehe S. 154

In der Fotomontage sehen wir den äußeren Rand des Reflektoräthers (weißes Band), wie er Anfang Juni 2021 feststellbar war. Die
schwarze Linie würde die Position des Reflektoräthers im Winter
darstellen.

Die Umwandlung der Lebensätherfrequenz in die Lichtätherfrequenz erfolgt wieder durch Klang, diesmal durch sehr kleine,
nicht fliegende Insekten, die auf der Oberfläche der Blätter wirken.
Die Umwandlung der Lichtätherfrequenz in die Frequenz des
chemischen Äthers, um diesen zu ernähren, geschieht durch den
Klang der Bakterien. Sollte es stimmen, dass Glyphosat und ähnliche
Chemikalien u.a. die Bakterien im Boden zerstören, dann ist die

Ernährung des chemischen Äthers durch den Klang der Bakterien in Gefahr.

Der Reflektoräther der Pflanzen und Blumen

Sie erhalten ihre Energie aus Wasser, Erde, Nährstoffen und der Sonne in ihrem Reflektoräther. Die Umwandlung der Reflektoräther-Energien geschieht durch den Klang der fliegenden Insekten, der kriechenden Insekten für den Lebensäther in den Lichtäther und den Klang der Bakterien für die dritte Umwandlung in die Frequenz des chemischen Äthers.

Der Reflektoräther der Tiere

Sie erhalten ihre Reflektoräther-Energie aus Nahrung und Wasser. Alle Frequenzumwandlungen scheinen wiederum durch Klang zu erfolgen, bei Katzen durch Schnurren, bei Hunden durch die Geräusche ihrer Atmung im Schlaf, bei Vögeln durch die klangliche Schwingung, die ihrer Gefühle verursachen. Die dritte Umwandlung in den chemischen Äther geschieht durch die Töne, die Bakterien in ihrem Körper erzeugen.

Der Reflektoräther beim Menschen - und die Umwandlung seiner Frequenz

Die Transformation hinunter in den Lebensäther geschieht laut 'C' durch den Klang der eigenen Stimme, die Transformation hinunter in den Lichtäther durch die Klänge der eigenen Gedanken und Gefühle.

Die Umwandlung von der Frequenz des Lichtäthers in den chemischen Äther geschieht durch den Klang der Bakterien in unserem Körper.

Wenn wir im täglichen Leben unsere Gefühle im Zusammenhang mit einer Erfahrung, die wir gemacht haben, unterdrücken - so dass wir nicht zulassen, dass sie uns ‚unter die Haut' gehen - schafft dies eine Trennung zwischen dem, was in der Realität geschehen ist, und dem, wie wir uns die Dinge wünschen. Da der Lichtäther stark mit der Wahrheit verbunden ist, erschaffen wir eine Lüge. Dadurch wird eine Barriere auf der Ebene unserer Hautoberfläche geschaffen - dort, wo sich Lebens- und Lichtäther treffen – die die Umwandlung und Ernährung des Lichtäthers und schließlich des chemischen Äthers und der Zellen, die er nähren soll, behindert.

Der menschliche Reflektoräther ist auch unser Energiespeicher. Er wird durch die Prana-Energie, die wir durch Essen, Trinken, Sonnenschein und die negativen Ionen in der Luft erhalten, zunächst in den Reflektoräther aufgefüllt, dann durch die Milz absorbiert und von dort an die Haupt Chakren verteilt: Wurzel, Solarplexus, Herz, Stirn Chakra. Das Hara Chakra erhält die Prana-Energie via Wurzelchakra, die Schilddrüse via Herzchakra.

Bei Pflanzen, Bäumen und allgemein in Ökosystemen können Verschmutzung, Krankheiten aufgrund von Ungleichgewichten (Trockenheit, übermäßige Feuchtigkeit, Luft-, Erd- und Wasserverschmutzung durch Chemikalien, Gifte usw.) Hindernisse für höhere Energien schaffen, die in den chemischen Äther eindringen, um das Pflanzenleben gesund zu erhalten. In solchen Fällen haben die Elementarwesen zusätzliche Arbeit zu leisten, um die Harmonie wiederherzustellen. Wir mögen denken, dass die ‚Natur' sich einfach selbst wieder ins Gleichgewicht bringt, doch es sind die Elementarwesen, die diese zusätzliche Aufgabe erfüllen.

Im Laufe der Jahre bin ich von zahlreichen Naturgeistern aller Art und Größe kontaktiert worden, die um Fernheilung baten. Das Wesen der geistigen Heilung besteht darin, hochfrequente (geistige) Energie zu nutzen, um dichtere Energieschichten zu durchdringen. Selbst als die Naturgeister ihr Problem schilderten, hatte ich keine

Ahnung, was ich tun konnte und wie mein Eingreifen praktisch funktionieren könnte. Ich konnte jedoch beobachten, dass der Einsatz der höheren Energie des Gebets und der Harfenklänge - sie baten oft ausdrücklich darum - das zu bewirken schien, worum sie gebeten hatten.

In einem Beispiel konnte ich nachvollziehen, wie die Gedanken und Gefühle der Menschen eine Energieverbindung zwischen einem Landschaftsengel und der Deva einer Landparzelle unterbrochen hatten. Das geschah wegen zweier benachbarter Eigentümer, die sich nicht verstanden. Der eine Besitzer errichtete einen massiven Erdhügel zwischen den beiden Grundstücken. Der Erdhügel war nur der physische Teil der geistig-emotionalen Mauer zwischen ihnen. Die Verbindung zwischen der Deva und dem Landschaftsengel schien von einer direkten Verbindung zwischen der Deva und dem Engelswesen abzuhängen. Diese Linie war durch die Erd-/Emotions-Gedankenwand blockiert. Ein einfaches Gebet schien höher-frequente Energien (und Wesen) herbeizuführen, die die Energie-verbindung wiederherstellten. Das mag uns verblüffen, doch es erlaubt uns eine Einsicht in eine heute noch weitgehend unerforschte subtil-energetische Wirklichkeit.

Spirituelle Impulse im Menschen
Der Mensch empfängt Impulse von verschiedenen Ebenen. Die offensichtlichen sind Impulse von anderen Menschen, Intellektuel-len, Künstlern, großen Staatsmännern, dem Mann/der Frau um die Ecke, durch Beobachtung unserer Umgebung, Tieren, der Natur, Wesen in Not.

Als Musiker habe ich in den letzten 30-40 Jahren hauptsächlich auf der Harfe improvisiert. Ich habe mich vor einiger Zeit gefragt, woher die Ideen oder Impulse für 'meine' Improvisationen kommen. Ich brauchte einige Zeit, um zu erkennen, dass es jenseits der Ego-

Ebene drei Hauptbereiche gibt, aus denen die Impulse kommen: die obere astrale, die obere mentale und die spirituelle Ebene. Gemeinsam mit 'C' haben wir die verschiedenen Ebenen und Sphären sehr detailliert ausgearbeitet. Siehe die drei entsprechenden Listen im Anhang.

Wenn es um spirituelle Impulse geht, verwendet man gewöhnlich den Begriff ‚spirituell', um zu sagen, dass der Impuls von jenseits des Egos kommt, jenseits egoistischer Wünsche, die aus dem Wunsch nach Macht, Belohnung, Geld, Anerkennung, dem Verstecken von Minderwertigkeitskomplexen, Unsicherheit und dergleichen herrühren. Spirituelle Impulse stammen von Wesen aus dem göttlichen Feld. Ich habe versucht, dieses Feld durch meine eigenen Forschungen zu definieren; siehe die Liste im Anhang mit ihren 21 Sphären. Diese Impulse können direkt von einem solchen Wesen zu uns kommen oder durch die Vermittlung der Schönheit in der Natur, in der Kunst oder durch das Echo des Impulses in einem anderen Menschen. Die Qualität solcher Impulse wird als erhebend, freudig, ermutigend, großzügig und unaufdringlich empfunden.

Wie bei Pflanzen und Tieren gelangen diese Impulse zunächst in unseren Reflektoräther und von dort in unser Herz als Gefühle oder in unser Gehirn als Bilder und Worte. Beim Improvisieren empfinde ich inspirierende Impulse als plötzlichen und doch subtilen ‚Wind unter den Flügeln', der es mir erlaubt, mich ganz auf die Erfahrung der Klangwolken der Harfensaiten einzulassen und mich in einer Art Fluss mitreißen zu lassen.

Der spirituelle Ursprung eines Impulses ist der eine Aspekt, seine Verwässerung durch Einflüsse des menschlichen Egos der andere. Pflanzen, Bäume, Flüsse haben diese Störung nicht. Das ist ein Grund, warum der Aufenthalt in der Natur so wohltuend für uns ist. Der geistige Impuls entfaltet sich reiner.

Anhang

Das Beispiel des Yellowstone-Nationalparks

25 Jahre nach ihrer Rückkehr in den Yellowstone Park haben Wölfe dazu beigetragen, das Ökosystem wieder zu stabilisieren.

Werfen wir einen kurzen Blick auf die Wiederansiedlung von Wölfen im Yellowstone-Park. Das Ökosystem des Parks war durch die Tötung des letzten Wolfs im Jahr 1926 stark in Mitleidenschaft gezogen worden. Durch die Wiederansiedlung von Wölfen in den Wintern 1995/1996 konnte das Ökosystem sein natürliches Gleichgewicht wiedererlangen, was bedeutet, dass die Intelligenz des gesamten Ökosystems wieder ohne größere menschliche Beeinträchtigung funktionieren konnte.

Wir könnten diese Intelligenz des Ökosystems den Geist des Yellowstone-Parks nennen, doch er bezeichnet sich selbst in einer kurzen Kommunikation am 12. März 2021 als Landschaftsengel, der für das gesamte Ökosystem des Yellowstone-Parks verantwortlich ist. Er möchte den Leser wissen lassen, dass er existiert und wo sein genauer Standort ist: RJX2+X4 Devils Den, Wyoming, Vereinigte Staaten - (44.8498804, -110.3997381).

Die historische Anwesenheit, dann die Abwesenheit und nun wieder die Anwesenheit von Wölfen im Yellowstone-Nationalpark (YNP) stellt ein natürliches Experiment im Laufe der Zeit dar und bietet die Möglichkeit, kaskadierende trophische Wechselwirkungen zu untersuchen. Während der sieben Jahrzehnte wolfsfreier Zeit hat der Zusammenbruch einer tritrophen Kaskade es dem Elch (Cervus elaphus) ermöglicht, den Lebensraum von Wildtieren, Böden und Gehölzen erheblich zu beeinflussen. So waren beispielsweise Arten wie Espen (Populus tremuloides) und Weiden (Salix spp.) im Allgemeinen nicht in der Lage, junge Stämme erfolgreich in den Oberstamm der nördlichen Yellowstone-Wintergebiete einzubringen, außer in eingezäunten Schutzgebieten

(Grimm, 1939 30, Lovaas, 1970 31, NRC, 2002 32, Barmore, 2003 [33]).

„Die Ergebnisse der Synthese deuten darauf hin, dass die Wiederansiedlung von Wölfen eine trophische Kaskade (Ernährungskette) wiederhergestellt hat, bei der holzige Grasarten größer werden und die Überdachung an einigen, aber nicht allen Orten zunimmt. Nach der Wiederansiedlung der Wölfe ging die Elchpopulation zurück, aber sowohl die Zahl der Biber (Caster canadensis) als auch die der Bisons (Bison bison) nahm zu, was möglicherweise auf die Zunahme der verfügbaren holzigen und krautigen Futterpflanzen infolge der geringeren Konkurrenz mit den Elchen zurückzuführen ist.

Untersuchungen der trophischen Kaskaden in den ersten 15 Jahren nach der Wiederansiedlung der Wölfe deuteten auf grosse anfängliche Auswirkungen auf Pflanzen und Tiere hin. Der nördliche Yellowstone jedoch scheint sich immer noch in einem frühen Stadium der Erholung des Ökosystems zu befinden. In Ökosystemen, in denen Wölfe verdrängt oder örtlich ausgerottet wurden, könnte ihre Wiederansiedlung ein besonders wirksamer Ansatz zur passiven Wiederherstellung sein."

Ripple, W.J., Beschta, R.L. Trophische Kaskaden im Yellowstone [34]

Die Anwesenheit der Wölfe veränderte auch die Flüsse. Nach der Wiederansiedlung der Wölfe wurde beobachtet, dass die Erosion der Flussufer abgenommen hat, so dass sich die Flüsse weniger schlängeln, die Kanäle sich vertieft haben und kleine Teiche entstanden sind. Wölfe sind wichtige Raubtiere, die sich in großem Umfang positiv auf ganze Ökosysteme auswirken, auch auf die Struktur der Flüsse!

Die Wiederansiedlung der Grauwölfe im Yellowstone-Nationalpark ist daher symbolisch und ökologisch gesehen einer der wichtigsten Akte des Tierschutzes im 20. Jhdt. Yellowstone ist wieder Heimat für alle einheimischen Arten großer Fleischfresser: Grizzlybären, Braunbären, Berglöwen und Wölfe. [35]

Der Erforschung der Organisation des Unsichtbaren sind uns möglicherweise keine Grenzen gesetzt. Seite 27 Ich habe Maschinenwesen erwähnt. Ich habe folgende Antworten erhalten, woraus das Maschinenwesen unseres TV-Gerätes besteht:
Unser Flachbildfernseher hat ein ‚Hauptwesen' und 17 ‚Unterwesen':
- Eines, das sich mit dem Klangaspekt beschäftigt
- Eines mit den visuellen Komponenten im Allgemeinen
- 6 Farbwesen: rot, blau, gelb, grün, orange, schwarz
- Ein Gnom, der sich mit dem materiellen Aspekt beschäftigt
- 4 Feuerelementarwesen, die sich mit den komplexen elektrischen
  Komponenten beschäftigen
- 3 Computerwesen, die sich mit drei verschiedenen eingebauten
  Computerprogrammen/Chips beschäftigen
- 1 Koordinator-Unterwesen, das kein Computerprogramm ist

Die Schichten der menschlichen Energiefelder

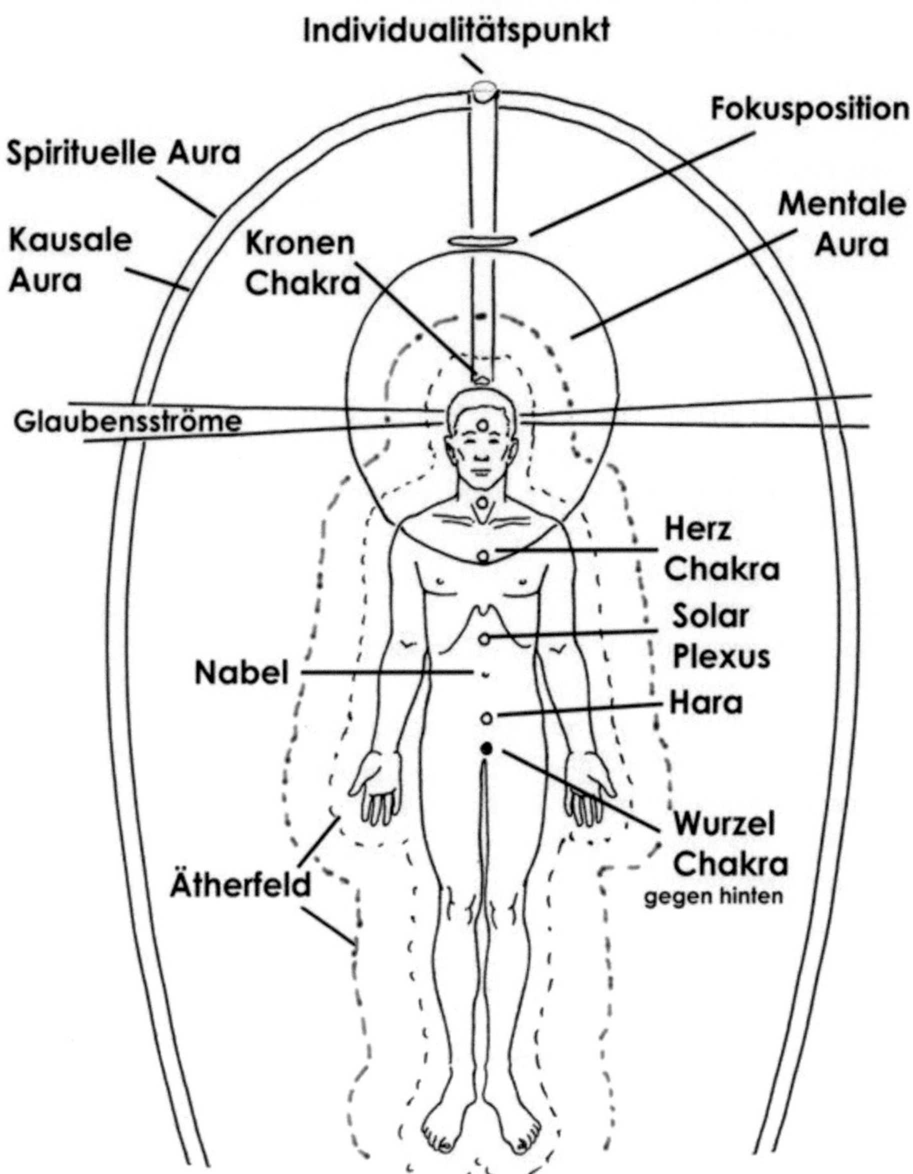

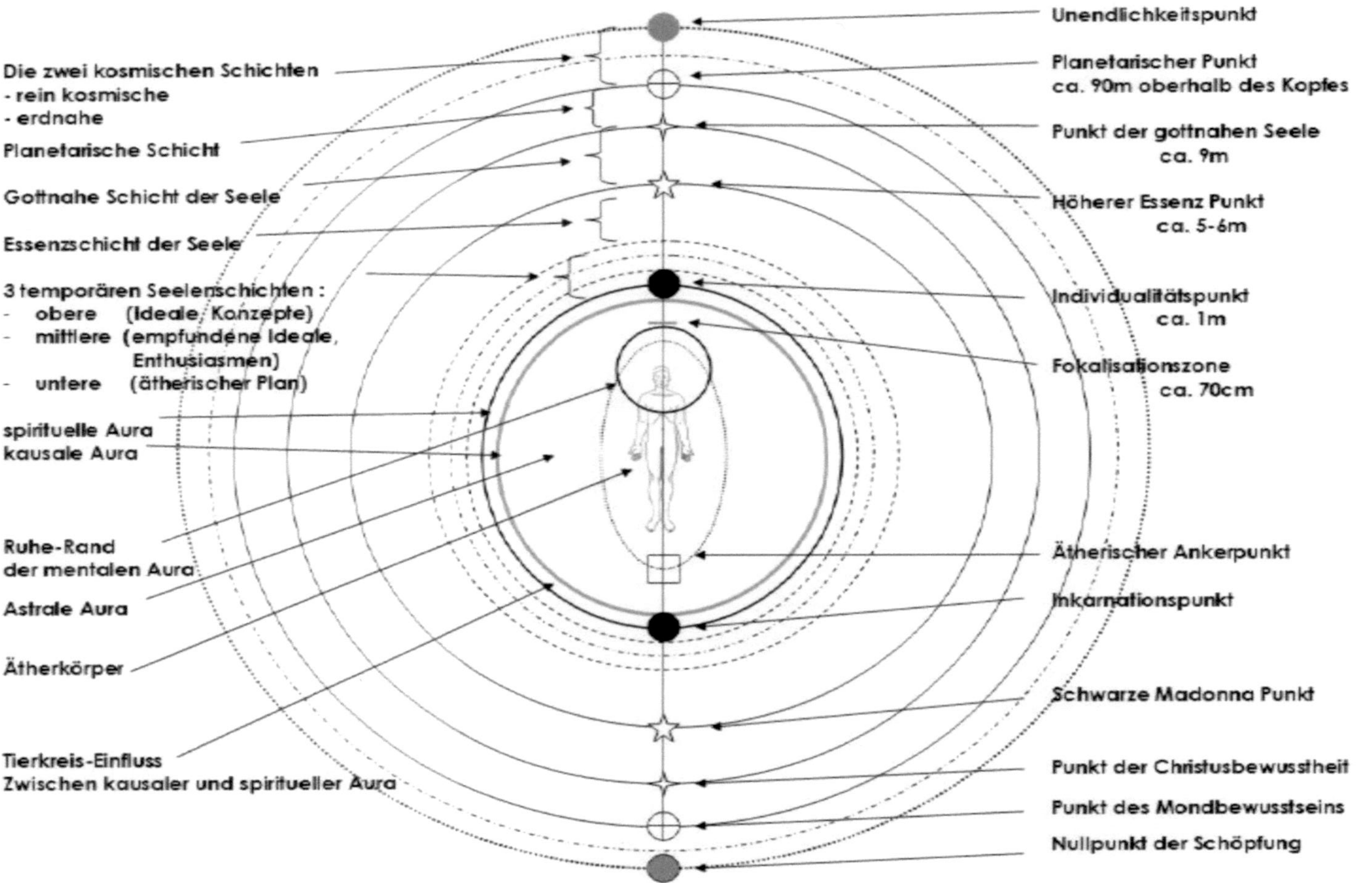

Unendlichkeitspunkt
Planetarischer Punkt
ca. 90m oberhalb des Kopfes
Punkt der gottnahen Seele
ca. 9m
Höherer Essenz Punkt
ca. 5-6m
Individualitätspunkt
ca. 1m
Fokalisationszone
ca. 70cm
Ätherischer Ankerpunkt
Inkarnationspunkt
Schwarze Madonna Punkt
Punkt der Christusbewusstheit
Punkt des Mondbewusstseins
Nullpunkt der Schöpfung
Die zwei kosmischen Schichten
- rein kosmische
- erdnahe
Planetarische Schicht
Gottnahe Schicht der Seele
Essenzschicht der Seele
3 temporären Seelenschichten :
- obere (Ideale, Konzepte)
- mittlere (empfundene Ideale, Enthusiasmen)
- untere (ätherischer Plan)
spirituelle Aura
kausale Aura
Ruhe-Rand
der mentalen Aura
Astrale Aura
Ätherkörper
Tierkreis-Einfluss
Zwischen kausaler und spiritueller Aura

Einige Schichten der menschlichen Aura – Lokalisierung und einige ihrer Funktion

Energieschicht	Funktion	Abstand zur Hautoberfläche	Existiert seit	www.vallonperret.com
Im Innern der Wirbelsäule	Zentraler Essenz-Strom	Im physischen Körper drin	Konzeption	Ätherkörper
Chemischer Äther	Nährt und formt die Zellen		3. Tag nach Konzeption	
Lichtäther	Unsere wahren Gefühle		Konzeption	
Innerer Lebensäther	Der ‚Alltaglebensäther' Die Wahrnehmungssinne	0-12 cm	2. Monat nach Konzeption	
Äusserer Lebensäther	Gedächtnis der Sinneswahrnehmungen	12-24 cm	2. Monat nach Konzeption	
Innerer Reflektoräther	Ätherische Blaupause	24-38 cm	Konzeption	
Mittlerer Reflektoräther	u.a. Blaupause astrale Aura	38-48 cm	4. Schwangerschafts-monat nis 14	
Äusserer Reflektoräther	u.a. Blaupause mentale Aura	48-65 cm	Seit Geburt bis 21	
Astrale Aura	Gefühlserfahrungen	Ca. 65-105 cm	Seit 4. Schwangerschafts-monat, Gestaltung bis 14	
Mentale Aura im Ruhezustand	Mentale Erfahrungen	Im Wesentlichen um den Kopf herum	Seit Geburt, Gestaltung bis 21	
ID Punkt auf spiritueller Aura	Schnittstelle zwischen der zeitlosen Seele u. dieser Inkarnation	Ca. 105 cm	Entscheidung zur jetzigen Inkarnation, vor Konzeption	Die drei temporären Seelenschichten, die die Blaupausen für das jetzige Leben enthalten
Innere temporäre Seelenschicht	Formt die ätherische Blaupause	105-130 cm		
Mittlere temporäre Seelenschicht	Formt die astrale Blaupause	130-155 cm		
Äussere temporäre Seelenschicht	Formt die mentale Blaupause	155-180 cm		

Qualitätsfarben in der spirituellen Aura

Jeder Mensch hat eine, zwei oder (selten) drei Qualitätsfarben als seine angeborenen spirituellen Fähigkeiten. Sie werden in der Qualitäts- oder spirituellen Aura gesehen und gefühlt, die sich etwas mehr als eine Armlänge entfernt in unserer Aura befindet. Zwei Personen mit der gleichen Farbe würden sie in ihrem Leben auf ganz verschiedene Weise zum Ausdruck bringen. Wenn du deine Farbe kennst und sie in deinem Leben zum Ausdruck bringst, nährst du deine Seele mit dieser Farbe und Qualität in dir.

Rot	Mut, Wille, Kraft, Selbständigkeit, Führungsqualität
Orange	Gleichgewicht, Harmonie, Rhythmus, Schönheit
Gelb	Toleranz, Geduld, Logik, Präzision
Grün	unvoreingenommen, anpassungsfähig, instinktiv, mentale Stärke
Blau	Intuition, Liebe, Weisheit, Wahrnehmung
Rosa	Hingabe, Loyalität, Dienst am Nächsten, Direktheit
Violett	Wahrheit, Ritualismus, Aktivität, Integration, Vitalität, Würde

Bei dem, was man ‚geistiges Heilen‘ nennt, ist der Ausgangspunkt oder wesentliche Bezugspunkt die geistige Ebene eines Menschen, einer Gemeinschaft, einer Landschaft. Die spirituelle oder qualitative Aura eines Menschen ist daher die höhere Energie, die am besten in einen Transformationsprozess einbezogen werden kann.

Der Ursprung von Impulsen

Schreiben über die Intelligenz hinter der Natur hat mich dazu gebracht, eine Reihe von vielschichtigen Intelligenzen vorzustellen. Dies ist ein ungewöhnlicher Versuch, da er Einblicke in (Quanten-?) Felder bringen kann, über die wir wenig wissen. Es handelt sich um eine unfertige Arbeit, die nach und nach mehr Details und hoffentlich mehr Klarheit bringen wird.

Die folgenden Seiten stammen z.T. aus meinem Buch 'How to create Divine Art'.[28]

Höheres Gefühl, Göttliches Feld oder spirituelle Ebene (21 Stufen)
Diese Ebenen der höheren Gefühle können nur durch die obere
Schicht unseres Reflektoräthers wahrgenommen werden. Wenn wir
in unserer persönlichen Entwicklung voranschreiten, öffnen wir uns
ganz natürlich der Wahrnehmung durch den Reflektoräther.

Die spirituelle Ebene ist eine hohe Inspirationsquelle, die von Wesen
des göttlichen Feldes kommt. Ein Musikstück zum Beispiel reflektiert
seinen Einfluss auch in die geistige Ebene. Die folgende Liste wurde
in Zusammenarbeit mit 'C' erstellt.

Da ich seit 40 Jahren auf der grossen Harfe improvisiere, wollte ich
wissen woher die Inspirationen zu den Improvisationen stammen.
Alles begann damit, dass ich C fragte, wie viele Inspirationsebenen
es im Göttlichen Feld gäbe: 21 antworteten sie und fügten hinzu,
dass sie mir helfen würde, diese zu beschreiben. Ich begann mit den
neun Engelskategorien von Dionysius Areopagita* und fügte sofort
die Ebene 21 für die Universelle Intelligenz hinzu. Wir fügten die
zahlreichen Engel und Geistwesen hinzu, denen ich in der Natur
begegnet war: Engel der Landschaften und Regionen, Engel der
Nationen und den Engel des Planeten Erde. Dann fügten wir die
Engel und die sehr großen Elementare der Flusssysteme, Wüsten,
Regenwälder usw. hinzu.
*) Dionysius war der erste Bischof von Athen und ein Schüler von Paulus.

Die folgende Liste von Engeln entspricht somit nicht dem, was im
Internet zu finden ist. In seinen Inkarnationen im 1. und 6.
Jahrhundert erstellte Dionysius Areopagita eine Liste von neun
Engelstypen und ihren Hierarchien auf, erwähnte aber, dass diese
Liste nur ein ungefähres Modell sei und dass nur der Schöpfer selbst
die genauen Fakten kennen würde: Seraphim, Cherubim, Throne,
Herrschaften, Tugenden, Mächte, Erzengel, Fürstentümer und
Engel. Seither hat seine Liste offenbar keine allgemeingültigen

Veränderungen erfahren. Auch Rudolf Steiner sprach noch vor hundert Jahren von denselben neun Kategorien. C bringt hier eine Erweiterung und besteht darauf, dass z.B. die ‚Dominationes' nicht dasselbe sind wie die Kyriotetes (griechisches Wort). Das sind präzise Angaben, die nicht von mir stammen können. Denn, ehrlich gesagt, mir ist es einerlei. Doch muss meine Information wahr sein. Allein das gilt. Die Dominationes haben ihre eigene Aufgabenliste, sodass für die Kyriotetes zu Beginn unserer Erarbeitung der neuen Liste eine eigene Ebene dazukam.

Auf Ebene 17 werden von ‚C' die ‚Cupido' eingeführt. Diese sind in den bekannten Listen über die Hierarchie der Engel nicht zu finden. C wollte sie offensichtlich mit einbeziehen, weil sie spezielle hohe Engel der Kunst sind. In der römischen Mythologie ist Cupido der Sohn der Venus, der die Menschen mit seinen Pfeilen der Liebe und Schönheit verwandeln kann. Offensichtlich beziehen wir uns auf die Cupido in einem weiteren Sinne, da sie eine hohe Ebene von Engeln sind, die auf die Verbreitung von Schönheit, Kunst und Liebe spezialisiert sind.

Die göttliche Dimension zu verstehen wird uns nur bis zu einem gewissen Grad gelingen. Neben der kurzen Beschreibung der einzelnen Sphären können wir ihren Wirkungsbereich einigermaßen erfassen, indem wir z.B. ausschließen, was andere Sphären tun. Nochmals: Die Nummerierung ist NICHT als Werturteil zu verstehen; sie könnte durch Buchstaben, Farben oder Symbole ersetzt werden.

Engel sind Wesen des göttlichen Feldes. Ich nähere mich ihnen, als würde ich einen Handwerker oder eine Handwerkerin betrachten, die mit ihren Fähigkeiten und ihrer Weisheit in einem mir völlig unbekannten Bereich arbeiten. Dieses göttliche Feld umfasst eine Reihe von (Quanten-) Feldern und Welten. Um zu beginnen, diese Felder zu erforschen, müssen wir alles loslassen, was wir mit Engeln assoziieren, einschließlich dessen, was uns die Religionen erzählt haben, denn im Grunde wissen wir sehr wenig über sie. Sie sind natürlich ein unschätzbarer Teil der Intelligenz hinter der Schöpfung. Sie sind die Inspirationen und Impulse, die von oben kommen, dem Himmel, dem Vater-Impuls oder der Universellen Liebenden Intelligenz.

Es ist nicht einfach ein Verständnis für die hier aufgeführten Kategorien zu bekommen. Das braucht Zeit; ich brauchte Fall Jahre um so weit zu kommen. Die Beschreibungen stecken in den Anfängen. Ich ergänze sie nach und nach. Nehmen wir die Wesen der Sphäre 13 z.B., die im Griechischen als 'Kyriotetes' bezeichnet werden. Wir können einige ihrer einzigartigen Aufgaben erfassen, wenn wir Aufgaben, die bei den Wesen der anderen Sphären aufgeführt sind, ausschließen. Bei den Kyriotetes geht es zum Beispiel nicht in erster Linie darum, den Impuls der Schönheit und der hohen Künste (der Sphäre 17) zu bringen, auch nicht um den göttlichen Willen zu impulsieren (wie unter Nr. 18 beschrieben) usw.

Das Raddiagramm zeigt, dass die Kyriotetes zu den Übermittlern und nicht zu den Administratoren gehören, jenen Wesen, die das göttliche Feld organisieren und die Impulse auf die nächste Ebene hinunterbringen, zu den Übermittlern, Wesen, die die Impulse weiter hinunter zu den Menschen und allen Wesen unterhalb der Sphäre 13 bringen.

Was die Darstellung der 21 Ebenen oder Sphären bringen kann, ist eine Öffnung unsererseits für die immense Intelligenz des göttlichen Feldes, seine Komplexität und die Sorgfalt mit der die Wesen sich um Aspekte der Schöpfung kümmern. Dies bringt Ehrfurcht und weckt unseren Respekt. Da kümmern sich zahllose Wesen selbstlos um unser aller Wohl, um die Natur.

Sie sind die Intelligenz hinter der Natur.

Das göttliche Feld

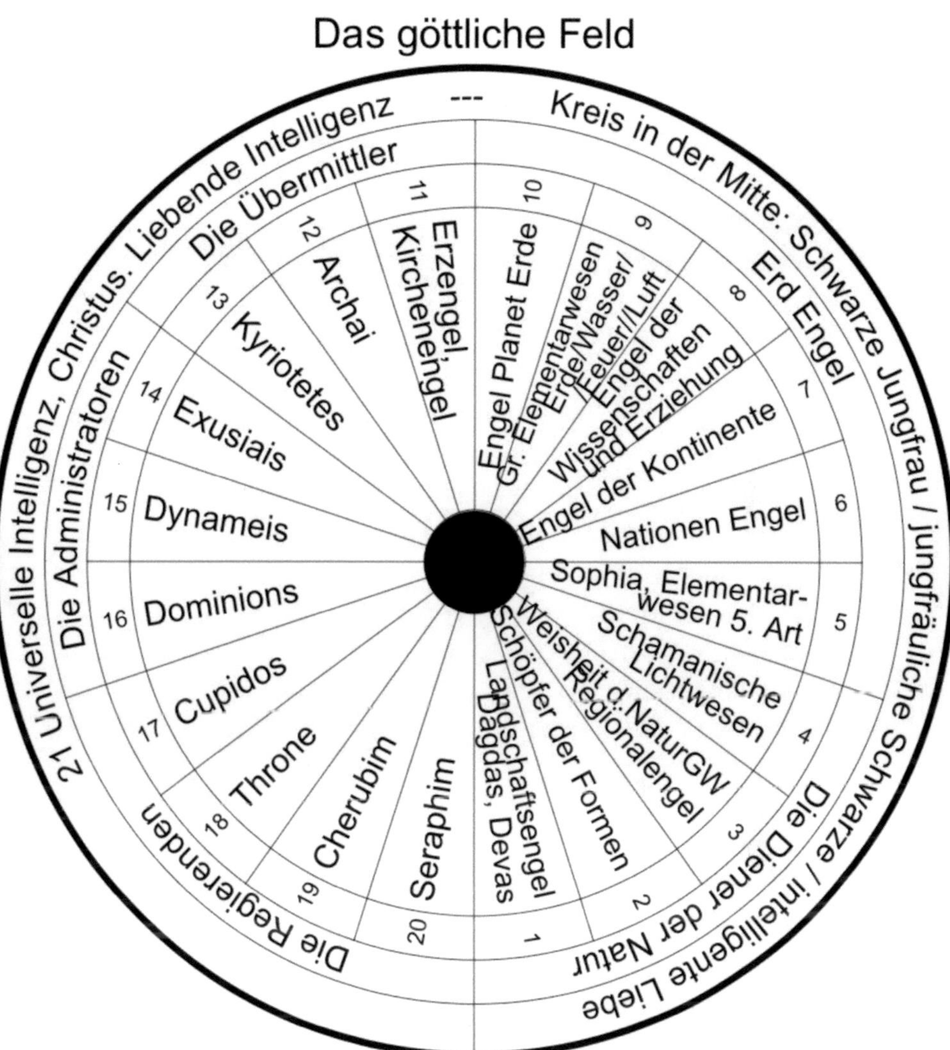

Was ich die 'Regierenden' nenne, wird oft als 'die obere oder erste Hierarchie' bezeichnet, die 'Verwalter oder Administratoren' als 'mittlere Hierarchie' und die 'Übermittler' als 'untere oder dritte Hierarchie'.

1   - Landschafts- oder Gebietsengel   (Aktionsradius 1 km)
    - Dagdas & Devas von Pflanzen u. Pflanzengruppen, Bäumen,
      und Landparzellen
    - die kleinsten Elementarwesen: Gnome, Undinen, Sylphen
2   - Schöpfer der Form
    - Engel der kleinen Seen und kleinen Flüsse
    - kleinere Wüsten (u.a. namibischer Wüstenengel)
    - Salamander (die kleinsten Feuerelementarwesen)
3   - Weisheit und Erfahrung der grösseren Naturgeister
    - Kali (Abbau & Erneuerung)
    - Engel der größeren Seen und Flusssysteme
    - regionale Engel   (Aktionsradius 50 km)
    - Engel der größeren Wüsten (Gobi & Sahara, etc.)
    - die 72 Engel
4   - Inspirationen von schamanischen Lichtwesen
    - Engel des indonesischen Tropenwaldes
    - Hüter der heiligen Stätten
5   - Sophia (Weisheit)
    - die grossen Elfen (Mediatoren zwischen den Arten von Wesen)
    - Weisheit der Tiere
    - Engel großer tropischer Wälder (Amazonas, äquatoriales Afrika)
    - Elementarwesen der 5. Art (Kooperation Naturwesen-Mensch)
    - Ozeanwesen, inkl. deren Erd-, Wasser-, Wind-Elementarwesen
6   - Engel der Nationen: helfen, den Geist einer Nation zu formen
    - Magische Quadrate [36]
    - Energiegitter der Erde [16]
7   - Engel oder Geist eines Kontinents: Europa, Naher Osten, Asien,
      Nordamerika, Südamerika, Afrika, Australien, Antarktis, etc.
    - Dakinis; Dryaden (Geistwesen de Baumessenzen)
    - Feen Übersetzer zwischen Menschen u. Naturgeistern
8   - Engel der Wissenschaft, des Wissens und der Bildung
    - grundlegende Strukturen des Lebens

- Ozean-Engel: Atlantik, Pazifik, usw.,
- kleinere Gebirgsketten: Pyrenäen, Appalachen
9 - St. Bridget - Göttin des Frühlings, des Heilens und der Poesie
- die großen Elementarwesen (Erde, Wasser, Feuer, Luft)
- Vulkane
- Engel größerer Gebirgszüge: Ural, Himalaya, Alpen, Anden, …
10 - Engel des Planeten Erde
11 - Kirchenengel
- Erzengel: Gebet/Klang (Sandalphon); gute Nachrichten & Kreativität (Gabriel); Hoffnung & Bestreben (Ramiel); Dienst (Jehudiel); Glaube & geistige Stärke (Saraquiel); Gerechtigkeit & Harmonie (Raguel); Weisheit (Raziel); Transformation des Schattens (Binael); Heilung (Raphael); der Lehre (Uriel), Licht in Schatten (Michael); göttlicher Wille (Hesediel)
12 - Archaï - ‚Herrschaften/Fürstentümer‘: Führung der Führer von Menschen, Ländern u. Gemeinschaften, NATO-Nationen-Engel
13 - Kyriotetes: sie instruieren die Aufgaben der Engel unter ihnen; ihre Energie; ist reine Gnade; Engel der Weisheit u. Harmonic
- Lehren von Lebendigkeit, Vitalität und Lebensfreude
- Überwachung und Teilnahme an der Erdheilung z.B. für sehr große Elementarwesen
14 - Exusiai - ‚Mächte‘: Schutz der himmlischen Sphären vor allen negativen Einflüssen der irdischen Sphären. Halten die Welt im Gleichgewicht und besonders das Gleichgewicht mit den dunklen Kräften. Führung der regionalen Engel Bewegungen der Hartmann-Antenne, Pendel u. dergleichen
15 - Dynameis - ‚Tugenden‘: Lenkung der Zyklen der Planeten; himmlische Harmonie; Architekten der Lichtätherstrukturen beschützen den Menschen, auf Anfrage, gegen dunkle Kräfte
16 - Dominationes: Führung der Engel der Erde, der Kontinente und Nationen
17 - Cupido: hohe Engel der Künste, der Liebe und der Schönheit

18 - Throne: Geister des göttlichen Willens u. Lebens-Energie, die
der Menschheit Impulse, Strukturen und Richtung geben
19 - Cherubim: Geister der Harmonie und Weisheit
20 - Seraphim: Geister des Lichts und des Feuers, Zünder
21 - Schwarze Madonna, Christus, Schöpfer, Heiliger Geist,
Buddha, Universelle Intelligenz, Trinität

Mentale Ebene (32 Ebenen)

1-9 stammen vom Ego und sind hier nicht aufgeführt [28]

21-32 sind Inspirationen aus dem göttlichen Feld

Die Mentalebene kann als eine separate Welt verstanden werden, die in einer anderen Dimension existiert. Sie kann eine Quelle geistiger Inspiration durch Konzepte, Ideen und Visionen sein (z.B. heilige Geometrie, Werke von Piet Mondrian, Paul Klee, Richard Paul Lohse, Max Bill, Pierre Schwarzenbach). Die Kunst kann auch auf diese mentalen Ebenen zurückstrahlen und sie beeinflussen. Die Impulse kommen, laut C, von geistigen Führern und Meistern, die alle schon einmal auf der Erde inkarniert waren.

Wie wir in der untenstehenden Liste sehen können, gibt es grundsätzlich verschiedene Stufen innerhalb der Mentalebene. Die Ebenen 13-32 gehören zum ‚oberen Mental‘, die Ebenen 1-9 repräsentieren die Ego-Ebene oder das ‚untere Mental‘ [28]. Diese Art von mentaler Aktivität wird durch schmerzhafte Emotionen oft stark gefärbt; das ist das Eindringen von Emotionen in die untere mentale Aura. Ich werde dies hier nicht weiter ausführen [3].

13-16 ET Informationen

13 - ET-Technologie
14 - ET-Energie-Wissen
15 - ET-Weisheit (Philosophie, Soziales, Regierungsführung)
16 - ET-Visionen für die Zukunft

17-20 Informationen über Lichtwesen und Engel

17 - Engel einer Nation
18 - Energieausrichtung und Gleichgewicht
19 - Gedankenstrukturen aus dem Geist der Zeit
20 - Engel von Völkergruppen (Europa)
  konzeptionelle Ebene der Schöpfung

21-24 inspirierende Gedanken der Erzengel zu

21 - Lehren der persönlichen Transformation, Licht ins Dunkel
  bringen in die Dunkelheit
22 - Erziehung, spirituelle Ausbildung
23 - Heilung, Glaube, göttlicher Wille
24 - Hingabe, Dienst, Mitgefühl
25 - geistige Themen, die von den Fürstentümern gelehrt werden
  (siehe S. 135 Ebene 12 der Engel)
26 - hochentwickelte Geister wie 'C', Meister, etc.

27-32 göttliche Inspiration

27 - Die Natur des Lichts
28 - Zugrunde liegende Konzepte der Harmonie
29 - Grundlegende Konzepte der Schönheit
30 - Wesen der Nicht-Dualität
31 - Natur der Liebe
32 - Geist der Evolution, des Fortschritts und der Innovation

Das Erreichen von Ebenen jenseits des Egos kann nicht allein durch gute Vorsätze erreicht werden. Es kann eine lebenslange Arbeit an sich selbst sein. Viele Aspekte dieser Transformationsarbeit habe ich in einer Reihe von Büchern beschrieben. [3]

Astralebene (24 Ebenen)

Impulse aus dieser Ebene kommen von Astralwesen. Diese leben in einer völlig anderen Welt bzw. Quantenfeld, der Astralwelt. Diese Astralwesen waren laut C nie auf der Erde inkarniert. Sie gehören auch nicht zu den Engelshierarchien. Die Horrorfilme, Krimiserien und dergleichen werden oft von Wesen der unteren Astralebene inspiriert. Das geht Hand in Hand mit der Suche der Autoren, Regisseure und Medien nach Rum, Geld und

Macht. Das Ankurbeln von schmerzlichen Emotionen beim Publikum bringt i.d.R. keinen Fortschritt und baut auf dem Ego auf. Anders bei Inspirationen aus dem oberen Astralbereich. Diese appellieren an Gefühle, die jenseits des Egos sind und helfen Emotionen aus dem unteren Astralbereich zu transformieren.

1-12 untere Astralebene (schmerzhafte Emotionen)
13-24 obere Astralebene

 1 - Angst
 2 - Unehrlichkeit
 3 - Lust, Triebhaftigkeit, Libido, rohe Schöpferkraft
 4 - Wut
 5 - Hass
 6 - Gefühle von Minderwertigkeit/Überlegenheit
 7 - Habgier
 8 - Eifersucht, Neid, Konkurrenzdenken
 9 - falscher Stolz
10 - Sarkasmus, Zynismus
11 - Selbstmitleid
12 - Trägheit, Selbstgefälligkeit, Mangel an Klarheit der Motivation

13 - Erfolg, Akzeptanz der gegenwärtigen Umstände & Grundlagen
      einer Situation, Einfachheit, Natürlichkeit
14 - Hingabe an die universelle oder göttliche Intelligenz
15 - Gelassenheit, Heiterkeit, Natürlichkeit, Bescheidenheit
16 - Liebe, Verständnis, Wahrheit
17 - Freude, Feier des Lebens und der Schöpfung
18 - Barmherzigkeit
19 - Glaube, Vertrauen
20 - Ekstase, Entzücken
21 - Einigkeit, Sanftheit
22 - Freiheit des Geistes und der Überzeugungen
23 - Wissen, Sein
24 - Ewigkeit, Harmonie, Liebe

Ausblick von Côte de Jor auf die Doppelschlaufe des Vézère-Flusses in der Dordogne. Jeder Ausblick, jede Landschaft hat ihre Landschaftsengel

1 Berboules heiliger Ort 1. Ranges und Regional-Engel
2 Landschaftsengel - 3 Vézèretal-Wasser-Elementarwesen
4 St. Léon s/Vézère Dorfengel

Der menschliche Ätherkörper   (Fortsetzung)

Bob Moore lehrte hauptsächlich über den Transformationsprozess des Menschen. Seine Ausführungen zum Ätherischen konzentrieren sich im Folgenden daher auf den menschlichen Ätherkörper. Viele Merkmale des Ätherischen sind allgemeiner Natur und haben Gemeinsamkeiten mit anderen Aspekten des Lebens. Wir sind ein Teil der Natur. Alle der nun folgenden englischen Originalzitate von Bob Moore sind in der englischen Version dieses Buches zu finden.

Ich kann nicht sagen, wie die beiden Ätherschichten im Inneren des Körpers genau angeordnet sind. Bob erklärte, dass die vier Äther-schichten miteinander verwoben sind. Er sagte, dass bestimmte Punkte, wie die 21 sekundären Chakren, der 1. Depressionspunkt oder die vier Polaritätspunkte (Schulterpunkte, Hüftknochenpunkte) eine Verbindung zu allen vier Schichten haben, während einige Punkte im unteren Teil des Rumpfes hauptsächlich eine Verbindung zum chemischen Äther haben, wegen ihrer Ausscheidungsfunktion (Verdauung, Menstruation). [3]

siehe auch S. 107 für Lichtätherpositionen

Der Ätherkörper speichert jeden Eindruck, den wir von unseren Sinnen bekommen, ohne Unterscheidung. Er verfügt nicht über eine Intelligenz wie der Astralbereich und kann daher nicht auswählen, was er speichern will und was nicht. Der Zugriff auf das gespeicherte Gedächtnis im Ätherkörper, sowie die Steuerung des Ätherkörpers, kann beim Menschen nur über die mentale Ebene erfolgen (englisch ‚mind'). Bob Moore: "Die Kontrolle der ätherischen Speicherung ist nur über die mentale Ebene möglich. Der Bereich der Kontrolle sind die 4 oberen Chakren, hauptsächlich jedoch durch die Zirbeldrüse im Kopfzentrum. Diese Kontrolle kann durch den Nabelbereich unterbrochen werden."

Der Nabelbereich ist ein Ort, an dem wir viele Emotionen, vor allem Angst, speichern können.

"The control of etheric storage is only possible through the mind level. The area of control are the 4 upper chakras but centred in the pineal. This control can be interrupted by the navel area."

Das Ätherische spielt eine wichtige Rolle bei der Integration der verschiedenen Energieschichten und Bewusstseinsebenen. Es regelt den gesamten Energiekreislauf von Kopf bis Fuss und bringt mit Hilfe des chemischen Äthers Prana-Energie von außerhalb des Körpers bis in die Zellen hinein. Auf der Ebene des Bewusstseins entspricht dieser Prozess dem ‚unter die Haut gehen lassen' äußerer Erfahrungen. Dadurch werden wir uns bewusst, wie sie sich tief im Inneren anfühlen. Normalerweise würde diese Erfahrung eine echte Reaktion unsererseits auslösen, die sich dann auf natürliche Weise nach außen hin äußern würde.

Bob: "Wir behalten eine Erfahrung oft außen. Wenn wir reifen, lassen wir die Erfahrung in uns eindringen."

Dieser natürliche Prozess wird unterbrochen, wenn wir einerseits die Erfahrungen nicht nach innen dringen lassen und andererseits nicht ausdrücken, was wir über diese Erfahrungen fühlen. Das erzeugt eine Spaltung zwischen dem Ätherköper im Inneren und dem Ätherkörper außerhalb des physischen Körpers, zwischen dem Wahrheits- bzw. Lichtäther und dem (‚Alltags'-)Lebensäther. Wir können dies als einen Mangel an Wahrheit betrachten, und wenn er andauert, erzeugt diese Spaltung eine Energieblockade. Übermäßiger Alkohol- und Drogenkonsum hat den gleichen Effekt.

Wir können solche Zonen im Ätherkörper aufspüren, wenn wir langsam (mit dem Verstand und unserer gefühlsmäßigen Wahrnehmung) eine gefühlte Linie auf der Hautoberfläche ziehen und auf diese Stellen treffen. Indem wir unsere mentale und gefühlsmäßige

Energie auf diese Bereiche richten, können wir uns mit unseren Gefühlen einer Erfahrung verbinden, die wir bis dahin vielleicht nicht verarbeiten konnten. Sobald wir uns wieder mit unseren Gefühlen verbunden haben, heilt unser Bewusstsein die Spaltung in unserem Ätherkörper. Wir werden wieder mit der Wahrheit unserer eigenen Gefühle in Einklang gebracht.

Dieser **Lebensäther** ist mit dem Element Erde und dem täglichen Leben verbunden. Er erstreckt sich etwa 12 cm von der Hautoberfläche aus. Er fühlt sich dichter an als der Reflektoräther. Ich nenne ihn manchmal den ‚Alltagslebensäther', da er die Aktivitäten des täglichen Lebens koordiniert und uns ermöglicht, bestimmte Routinetätigkeiten fast automatisch auszuführen, ohne darüber nachdenken zu müssen, was wir tun. Wir können dies beobachten, wenn wir einige hundert Meter auf einer bekannten Straße fahren und dabei an etwas ganz anderes denken.

Dies ist möglich, weil der Lebensäther alle Informationen für diese spezifische Routinetätigkeit schon viele Male gespeichert hat.
Die folgenden Zitate zwischen den "Markierungen" stammen von Bob Moore.

"Der ('Alltags-') **Lebensäther** spiegelt die Polaritätssituation zwischen männlich und weiblich, positiv und negativ wider. Er ist in den Zonen der Fortpflanzung stark präsent und mit der Menstruation und ihrem Reinigungspotential verbunden. Man findet ihn auch um die weiblichen Brüste. Der Lebensäther spielt eine wichtige Rolle für unsere körperliche Gesundheit und zieht sich allmählich zurück, wenn der Mensch den Sterbeprozess erreicht. Er spiegelt wider, wie wir uns selbst annehmen. Sein Symbol ist das Quadrat."
"Der Reflektor (Äther) zieht an, was der chemische Äther braucht. Dieser **Reflektor-Äther** hat auch die Funktion, das, was wir tief in

uns fühlen, nach außen zu reflektieren. Impulse von außen (z.B. Intuitionen) dringen hier in unser System ein, bevor sie in das Gehirn gelangen. Diese Schicht gibt uns die Möglichkeit, Farben zu sehen, die Aura zu sehen, die Qualität des Kontakts zwischen Menschen zu spüren. Sie enthält auch das Weltgedächtnis, die Weisheit, das Wissen, das physische Gedächtnis."

"The reflector (ether) attracts what the chemical ether needs. This **reflector ether** also has the function to reflect towards the exterior what we feel deep inside us. Thoughts from the exterior (e.g. intuitions) penetrate our system here before entering the brain. This layer gives us the means to see colours, to see the aura, to feel the quality of contact between people. It contains also the world memory, wisdom, knowledge, the physical memory."

Die Schicht des Reflektor-/Wärmeäthers spiegelt, was höhere Energien ins Physische und in unsere Gedanken bringen (Intuitionen, im Herz- und Brustbereich).

"Alles, was sich abspielt, kann nach außen reflektiert werden. Wir können den äußeren Teil des Ätherkörpers dazu benutzen, um Emotionen (Wut oder ähnliches) zu spiegeln oder unsere eigenen Projektionen zu erschaffen. Das ist die Folge von dem was wir in uns selbst zurückbehalten, in Bezug auf unsere Emotionen. Es gibt dadurch nicht automatisch eine Einspeisung von Energie einer höheren Ebene. Vielleicht projizierst du nur deine eigenen Reflexionen der Emotionen anderer Menschen wieder nach außen. Das kann bedeuten, dass du die äußere Schicht des Ätherkörpers von anderen Schichten trennst. Du benutzt also die äußere Schicht nur als Reflektor für das, was andere Menschen zu dir sagen. Du willst nicht verletzt werden, also wirfst du es ihnen einfach wieder zurück. Du schaffst eine Art Teufelskreis. Aber das ist natürlich weder für das Ätherische selbst noch für die anderen Ebenen des Ätherkörpers hilfreich, die mit einbezogen werden müssen, wenn man Dinge wie Mitgefühl, das auch ein Reflektor ist, verwenden will."

Der menschliche Ätherkörper

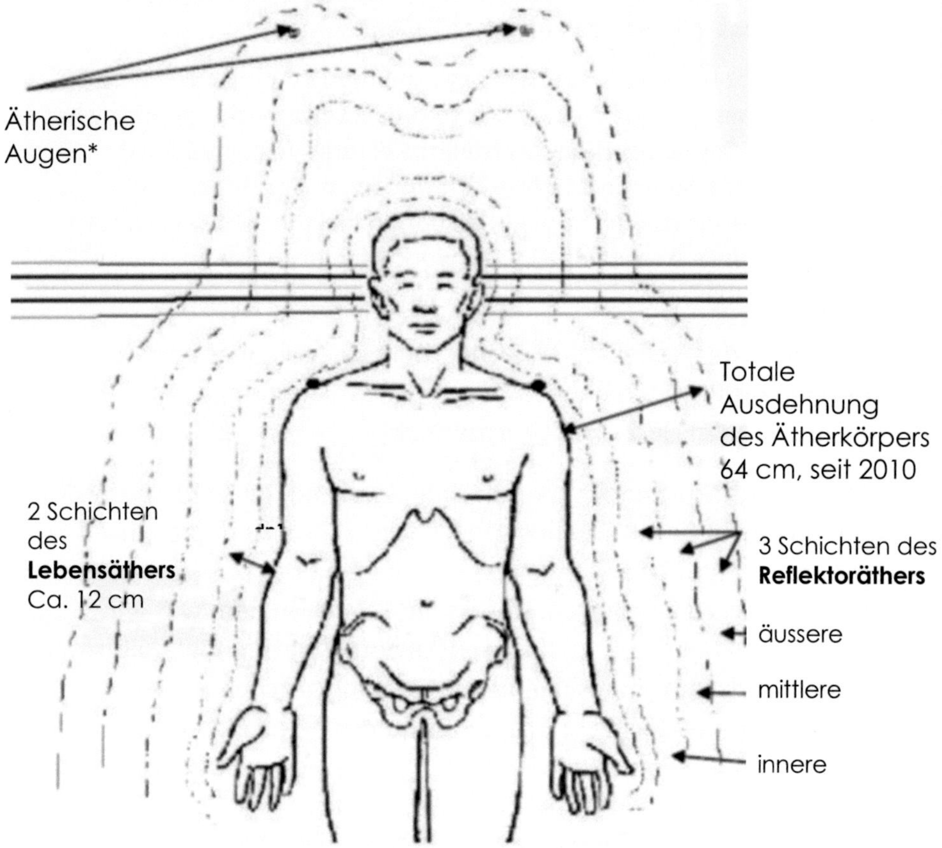

"Everything that is taking place can be reflected outward. You can use the outer part of the etheric as a means of reflecting out emotion (anger or suchlike) or creating your own projections. That is being done from what you would be retaining within yourself, related to your emotions. There is not necessarily a feed in - to reach that - from a higher level. Maybe you are just projecting out again your own reflections back from other people's emotions. That may mean you are separating the outer layer of the etheric from other layers. So, you are just using the outer layer as a reflector backward from what other people are saying to you. You don't want to be hurt so you just throw it back to them again. You are creating a sort of a vicious circle. But that of course is not helpful to the etheric itself nor to the other levels of the etheric which need to be incorporated if you are going to be using say such things as compassion, which is also a reflector."

Wir können verstehen, dass dieser Prozess des Reflektierens lebenswichtig ist und immer mit unserem Ausdruck verbunden ist. Das Wurzelchakra und das Schilddrüsen Chakra, die beiden Haupt Chakren, die am Ausdruck beteiligt sind, sind eng mit dem Reflektoräther verbunden und spielen eine wichtige Rolle in seiner Bewegung.

"Die physische Ebene hat den Ätherkörper in sich integriert. Der Ätherkörper ist ein Speicher für eine große Menge Aktivität, die oft vom Ätherkörper in das Physische reflektiert wird, entweder als Blockade oder als Bewegung der Energie."

"Das Zentrum des Kopfes hat den kontrollierenden Aspekt der ätherischen Bewegung auf beiden Seiten des Körpers, der beiden ätherischen Kreisläufe. Alles wird vom Zentrum des Kopfes aus gesteuert."

"Jeder Mensch hat Energiebewegungen. Wenn wir lernen können, die Chakren besser zu nutzen, wenn wir lernen können, mit der Energie zu arbeiten, die im Ätherkörper ist, dann werden wir bessere Menschen sein, denn all das wird uns in einen tieferen Kontakt mit uns selbst bringen, bezogen auf das, woran wir glauben."

"Die Chakren befinden sich in der ätherischen Struktur und die ätherische Struktur ging der physischen Struktur voraus. Die Chakren wurden also in Position gebracht, bevor die physische Struktur vollendet war.

Das Ätherische ist in Wirklichkeit das Unterbewusstsein und ein Speicherhaus, so dass wir im Ätherkörper die Erinnerung an vergangene Erfahrungen finden können, die dort bereits gespeichert sind.

Wenn man sich entspannt, dehnt sich der Ätherkörper aus, aber man muss entspannt sein, um die Ausdehnung zuzulassen."

Wie ich bereits erwähnte: wenn eine Person wissentlich eine Lüge erzählt, wirkt sich das immer auf den Ätherkörper aus und kann eine Spaltung zwischen dem Ätherkörper innerhalb des Körpers und dem Ätherkörper außerhalb des Körpers erzeugen; die gesamte Energiefrequenz wird fallen.

"Wenn die Schwingung sinkt, ist das Gleichgewicht des chemischen Äthers, das benötigt wird, um den inneren Teil des Ätherkörpers zu unterstützen, nicht mehr erreicht. Es ist nicht möglich, ihn hereinzuziehen, weil die Ebenen des Ätherkörpers getrennt sind. Der untere Teil des Ätherkörpers innerhalb des physischen Körpers, den wir als den mehr physischen Teil des Ätherischen bezeichnen könnten, braucht die chemische Ätherstruktur, um ihn zu stützen und um die Verbindung zum physischen Körper zu unterstützen. Wenn er das nicht empfangen kann, wird man müde, depressiv, es wird etwas physisch mit einem passieren in Form von Krankheit, vielleicht nicht ernsthaft, aber etwas wird passieren."

"When the vibration drops the balance of the **chemical ether** that is needed to support the inner part of the etheric is no longer accessible. It's not possible to draw it in because the levels of the etheric are separated. The lower part of the etheric inside of the physical body, that we could call the more physical part of the etheric, needs the chemical ether structure to support it and to support the connection to the physical body. If it cannot receive that then of course you get tired, depressed, something is going to happen physically with you in the way of illness, maybe not serious but something will happen."

"Auf diese Weise muss die Bewegung der vier Ebenen des Ätherkörpers in einer konstanten Frequenzaktivität sein, um es einer Person zu ermöglichen, in ihrer eigenen Denkstruktur gesund zu bleiben, ebenso wie in Bezug auf das, was im physischen Körper geschieht. Dies zeigt sich in der Frequenz der Schwingung, die um beide herum beobachtet werden kann.

Wenn Sie sich selbst betrachten und feststellen, dass es einige Erbfaktoren gibt, die Sie nicht ändern können, können Sie immer lernen, diese zu akzeptieren. Indem Sie lernen, sie zu akzeptieren, können Sie trotzdem auf die chemische Ätherstruktur zurückgreifen, die sie umgibt."

Es gibt viele Aspekte des menschlichen Ätherkörpers, die hier nicht behandelt wurden: die ätherischen Augen, die 8 Ströme und die zwei umfassenden Energiekreisläufe auf jeder Seite des Körpers. [3]

"Unser Körper besteht zu 60% aus Wasser, und in diesem Wasser ist auch Elektrizität enthalten. Jeder von uns hat diese Elektrizität, die uns umgibt, so dass die Elektrizität und das Wasser, die zusammenkommen, etwas schaffen, was man Leitung nennt. Das wandert in unseren Ätherkörper hinein und wird durch die Hitze des Körpers zu Dampf. Das wirkt sich auf die Chakren aus. Es ist der Wassergehalt mit der darin enthaltenen Elektrizität, der es den Chakren ermöglicht, sich zu drehen, denn die Chakren drehen sich entsprechend der Polarität der Erde.

Das Bewusstsein der Erinnerung wird im Ätherkörper gespeichert. Wenn man sich daran erinnert, dass der Äther wirklich die unterbewusste Ebene des Geistes ist, kann er Dinge hervorbringen, die hilfreich und wichtig sein können in Bezug auf das Erkennen des eigenen Entwicklungsprozesses."

"Wenn wir die Äther betrachten, die sich in unserer ätherischen Struktur widerspiegeln, dann haben wir die vier Ätherebenen, genauso wie wir die vier Ebenen der ätherischen Strukturen haben. Diese vier Ebenen sind so aufgeteilt, dass sie eine harmonisierende Situation bilden, die in der Lockerheit des Ätherkörpers wirkt, die sich in der Ausdehnung der mentalen Aura zeigt."

"When we look at ethers that are reflected into our etheric structure, then we have the four levels of ether, just as we have the four levels of the etheric structure. These four levels are so divided that they make up a harmonizing situation that is found to operate in the looseness of the etheric, which shows up in the expansion of the mental aura."

"Mit dem **Lichtäther** haben wir das Symbol des Dreiecks, das mit Gleichgewicht und Licht in Zusammenhang steht. Licht ist natürlich etwas, das notwendig und wesentlich ist in einen Zustand hineinzubringen, in dem z.B. eine Depression vorliegt. Eine Person wird ihre Depression nicht auflösen können, solange kein Licht in sie hineingezogen wird, und sie keine Möglichkeit hat, selbst Licht in sich hineinzuziehen; das ist natürlich der Punkt, an dem Heilbehandlung so wertvoll ist, dass diejenige Person, die die Energie bewegt, diese Möglichkeit hat, weil sie selbst diese Struktur in ihren Prozess eingebaut hat, die es ermöglicht, dass sie an eine andere Person weitergegeben werden kann. Dieses Dreieck ist wichtig, weil es das Licht auf eine andere Person reflektiert, die sich in diesem depressiven Zustand befindet. Ich verwende die Depression als Beispiel; andere Zustände können auch davon profitieren. Dann kommen wir zum Kreis, der natürlich eine Kontinuität ist, alles wird in seinen Kreislauf gebracht, alles wird in seinen Fokus gebracht. Hier haben wir Reflexion oder Wärme. Dieser Kreis reflektiert all die Dinge, die wir brauchen, um (Heilenergien) von einem Menschen auf einen anderen Menschen zu übertragen. Das muss immer im Herzen beginnen."

"With the **light ether** we have the symbol of the triangle which connects to balance and light. Light of course is something that is necessary and essential to have drawn into a state where there is, for example, depression. A person is not going to release depression until there is light being drawn in, when they have no means of drawing light into themselves, and this of course is where healing is so valuable, that the person who is the mover of energy has the means, because they themselves have inbuilt this structure in their process, in allowing that to be passed over to another person. This triangle is tremendously important in its reflection of light onto another person who would be in this depressed state. I am using depression as an example; other states can respond to that as well. And then we come to the circle, which of course is a continuity, everything brought into its circulation, everything brought into its focus, and here is where we have reflection or warmth. This circle is reflecting all the things that we need in transferring from one person to another person, and that always has to begin in the heart."

"Der **chemische Äther** hat sehr viel mit Übertragung von Farbe zu tun, die auf den physischen Körper reflektiert wird, und deshalb kann die Verwendung von Farbe so hilfreich sein, um Veränderungen im Körper zu bewirken; aber wir müssen uns daran erinnern, dass auch andere Äther eine Rolle spielen können, wie das Licht selbst. Wenn wir also den Begriff Licht verwenden, bedeutet das natürlich von Mensch zu Mensch etwas anderes, denn keiner von uns versteht Licht in genau derselben Weise, sodass wenn wir eine Bewusstseinsstufe erreichen, die es uns erlaubt, uns mehr auf das höhere Bewusstsein zu beziehen, dann verändert sich unsere

Wertschätzung des Lichts. Diese Veränderung in unserer Wertschätzung des Lichts erlaubt es dann, dass die Lichtreflexion oder die Lichtbewegung ausgeglichener oder nützlicher wird. Der Ätherkörper selbst reagiert darauf und so haben wir dann einen gesünderen Ätherkörper oder eine bessere Verteilung der Prana-Energie im Ätherkörper. "

"The **chemical ether** is very much related to the transference of colour that is reflected to the physical body and this is why the use of colour can be so helpful to make changes in the body, but then we have got to remember that other ethers can also play their part, like **light** itself, and so, when we use this term light, of course this means something different from person to person, because none of us will understand light in the same way, and so, when we reach a level of consciousness that is allowing us to relate more to **higher consciousness** then our appreciation of light changes, and so that change in our appreciation of light then allows the light reflection or the light movement to become more balanced or useful. The etheric itself responds and so then we have a healthier etheric or a better distribution of prana energy in the etheric."

...die Gesundheits-Aura (health aura) wird näher am Körper zwischen Äther und Physis gesehen...   (DP: Im Moment verstehe ich die Gesundheitsaura als eine Ausstrahlung des Gesundheitszustandes der Organe nach außen, vergleichbar mit der Wärme, die von einem Organ ausgeht. Sie ist keine eigene ätherische Schicht.)

Der **Lebensäther** hat zwei Unterschichten. In der unteren Schicht, gleich neben der Haut, befinden sich **unsere physischen Sinne**. Ihre Wahrnehmungen gehen in den Lichtäther, um schließlich den chemischen Äther und die Zellen zu nähren, **die Erinnerungen** an unsere Wahrnehmungen sind alle in der oberen Lebensätherschicht gespeichert, und dies für den Rest unseres Lebens. Diese Schicht wird auch als die (hier individuelle) Akasha-Chronik bezeichnet. ‚Akasha' ist das Sanskrit-Wort für Äther. Unsere höheren Sinne

(Hellsichtigkeit usw.) befinden sich im oberen Reflektoräther und werden dort wahrgenommen, während unsere spirituellen oder höheren Gefühle Sinnesorgane der Seelenebene sind, die durch den oberen Reflektoräther eindringen.

Gefühle wirken auf verschiedenen Ebenen: von nahen physischen Körperempfindungen über instinktive Grundgefühle bis hin zu verfeinerten Gefühlen und zu subtilen, spirituellen oder höheren Gefühlen.

Der chemische und der Lichtäther nehmen im Physischen denselben Raum ein. Sie funktionieren nicht wie die Schichten eines Kuchens, sondern ähneln zwei Quantenfeldern mit unterschiedlichen Funktionen und Gesetzen. Während der Lichtäther überall im physischen Körper zu finden ist, ist der chemische Äther speziell überall im Prozess der Zellbildung zu finden; er ist vor allem in bestimmten Bereichen zu finden, die mit Assimilation und Elimination zu tun haben.

Es scheint mir, dass jeder der vier Äther zu einem anderen Quantenfeld gehören könnte und somit nach unterschiedlichen Gesetzen und Eigenschaften funktioniert. Das ist der Grund, warum die Elementarwesen, die im chemischen Äther arbeiten, nicht mit den Elementarwesen des Lebensäthers kommunizieren können.

Das Potential des Reflektoräthers
Ich wiederhole folgendes Zitat von Bob wegen seiner weitreichenden Implikationen:

"Der Reflektoräther ist der höchste Äther, der höchste Energiekontakt, den wir erreichen können. In diesem Energiekontakt haben wir alles, was notwendig ist, wir haben Frieden, Zufriedenheit in uns selbst, wir haben unsere Verbindung mit dem Universum, wir haben eine Beziehung zum Licht, wir haben das, was von diesem Licht durch den chemischen Äther in den Körper gezogen wird, und dann haben wir das Gleichgewicht des Lebens, das wir im Gleichgewicht mit der Natur und mit uns selbst finden. Der Reflektor-Äther reflektiert all das als Kombination, ist aber wirklich auf den Frieden zentriert."

"The reflector ether is the highest ether, the highest energy contact that you can achieve. In that energy contact you have got all the things that are necessary, you have peace, contentment in yourself, you have your connection with the universe, you have a relationship to light, you have what is drawn from that light into the body through the chemical ether and then you have the balance of life which you will find in the balance with nature and yourself. The reflector ether is reflecting all of that as a combination, but centred really on the peace."

Beim mehrmaligen Lesen dieser Passage begann ich zu verstehen wieviel Weisheit sie enthält und darauf hinweist, dass wir Zeit brauchen, um diese Verbindungen in uns zu erschliessen:

‚... das Gleichgewicht des Lebens ... das Gleichgewicht mit der Natur und mit dir selbst.'
‚...deine Verbindung mit dem Universum.' Das lässt uns den Reflektoräther in unserer Aura als die wesentliche Schnittstelle mit dem göttlichen Feld verstehen.
'...aber wirklich auf den Frieden zentriert.' Der Frieden in uns selbst und als Teil von Alles-was-Ist.

"Diese Energie, über die wir sprechen, wirkt bei jedem Menschen gleich, aber sie wird bei vielen Menschen nie in den Fokus gebracht. Der Grund dafür, dass sie nicht in den Fokus gebracht wird, ist, dass der höchste Äther, der uns bekannt ist, und Reflektoräther genannt wird, nicht in Erscheinung tritt, weil die Person zu sehr mit Dingen beschäftigt ist, die sie mit der eigenen Absicht tut, das heißt mit ihrem eigenen physischen Willen. Sobald eine Person ihren eigenen physischen Willen in ihr Tun einbringt, besonders bei Heilbehandlungen, kann es diese Öffnung natürlich nicht geben. So entsteht eine ganze Energiebewegung die ziemlich trügerisch sein kann.

Die Energiebewegung kann da sein, aber wenn sie nicht in ihrer Ausdrucksbewegung zusammen mit dem Reflektoräther erschaffen wird, kann sie natürlich nicht zweckmäßig genutzt werden. So kann diese Zunahme der Energiebewegung nicht durch den physischen Willen zustande kommen. Sie kann nur zustande kommen, wenn dem Bewusstsein erlaubt wird, diese höhere Definition der Äthersubstanz zu erreichen. Wenn das wieder hinuntergeleitet wird, dann erhöht es das Potential und die Energiefrequenz. Dieser Prozess ist in Wirklichkeit das, was in der Bibel als der LEBENSATEM beschrieben wird, das ist es, was es ist."

"All this energy that we are talking about works the same with everyone, but it is never brought into a focus with many people. The reason it is not brought into focus is because the ether which is the highest ether that is known about, which is called the reflector ether, is not in evidence, because the person is too occupied with things that they are doing with their own intent, that is with their own physical will. Once a person brings their own physical will into doing things, especially with healing, then of course there cannot be this opening, and so all this energy movement is there and this is what can be quite deceiving. The energy movement can be there but of course if it is not created in its movement of expression with the reflection or the reflector, then of course it cannot be used to purpose and so, in this increase of movement of energy, that increase cannot come about by physical will, it can only come about when the awareness has been allowed to reach this higher definition of ether substance and when that again is drawn downward, then it increases the potential and that is the quickening up of energy. That in reality is what is talked about in the bible as the BREATH OF LIFE, that is what it is."

Ich entdeckte, dass die Wirkungen der Klangwolken von Harfen und harfenähnlichen Instrumenten (Hackbrett, Sitar, Zither usw.) in dieser oberen Schicht des Reflektoräthers ... um die ganze Welt reisen und ihre Wirkungen den Reflektoräther von Personen erreichen, die Fernheilung erhalten. [17]

Umwandlung von Frequenzen in der menschlichen Aura

Ich weiß nicht genau, wie die Umwandlung von einer Energieart in eine andere erfolgt. Wir können jedoch eine allgemeine Regel beobachten, dass höherfrequente Energien in niedrigere Frequenzen eindringen und diese bis zu einem gewissen Grad umwandeln können. Als allgemeine Aussage können wir feststellen, dass die Energie der Liebe oder der liebenden Güte die schnellste und stärkste Energie ist, die es gibt, dass sie alles durchdringen kann. Die Erfahrung der Transformationsarbeit an uns selbst bestätigt dies.

Wir können erleben, wie sich die Kombination aus Geduld und liebevoller Aufmerksamkeit, also Bewusstsein, auf dichtere Energiefelder auswirkt, auf schmerzhafte Emotionen oder körperliche Verspannungen und Schmerzen. Dies ist ebenso bei unserem Ätherkörper der Fall, auch wenn das Bewusstwerden dieses Phänomens einige Übung in der Beobachtung erfordert. Wir können die Erfahrung machen, wie spirituelle Gedanken und Gefühle, die klar von jenseits der Ego-Ebene kommen, unsere Überzeugungen und Denkmuster verändern können, individuell und kollektiv. Diese Art Gedanken kann zum Beispiel die Energie in einer Gruppe Menschen anheben. Das Verharren auf der Problemebene verhindert hingegen, Lösungen zu finden.

Wir alle können beobachten, wie unsere schmerzhaften Emotionen zuweilen unsere Gedanken beeinflussen. Wir können uns fragen, warum das so ist, denn Emotionen haben eine niedrigere Schwingung als geistige Energie. Eine Heiler-Kollegin erzählte mir, dass sie bei der Arbeit mit einem Klienten bei mehreren Gelegenheiten wahrgenommen hatte, dass sich dessen kausale Aura plötzlich öffnete und die im Hintergrund wirkenden Glaubensstrukturen zeigte, also Gedanken, die es den Emotionen erlaubten, in das untere Mental einzudringen. Obwohl wir sehen können, dass Emotionen in das untere Mental eindringen, sind es in Wirklichkeit Gedankenmuster im Hintergrund (kausale Aura und Glaubenssätze), die dies ermöglichen.

Ein kleiner Abstecher zum Thema Klangheilung

Als neugieriger Klangheiler und Harfenspieler habe ich mich gefragt, wie die tatsächliche Transformation durch Frequenzen geschieht. Klang scheint das Vehikel oder Werkzeug zu sein, das die göttliche Energie in das Physische transformiert, während Farbe der nährende Teil dieser Energie ist. Dies geschieht im Wesentlichen mit Hilfe des Resonanzphänomens der musikalischen Quinte. Neben Farbe und Klang ist die dritte unentbehrliche Komponente die Liebe.

Auf Seite 116 haben wir gesehen, dass die fliegenden Insekten um einen Baum herum ein Summen erzeugten, und dies in derselben Frequenz von 256 Hz. Dieser Klang trägt dazu bei, die Reflektoräther-Energie von 768 Hz in Lebensäther-Energie von 256 Hz umzuwandeln. 256 ist der Ton C (wenn man die natürliche Stimmung von 432 Hz für A verwendet). Sein stärkster Oberton nach der Oktave ist die Quinte., die bei 768 Hz liegt (256x3 : die Frequenz bei einem Drittel der Saite verdreifacht die Frequenz des ursprünglichen Saitentones). Wir finden sie, indem wir einen Flageoletton oder Oberton bei 1/3 der C-Saite spielen. Dies entspricht einem G 1½ Oktaven über unserem C.

Die Information, die ich erhalte, ist, dass 768 Hz die Schlüsselfrequenz oder zentrale Adresse des Reflektoräthers ist. Was das genau heisst und wie man damit umgehen kann, weiss ich nicht. 2304 Hz ist die zentrale Adresse der astralen Aura, 6912 für die obere mentale Aura, usw. Alles sind Quintensprünge, also jeweils eine Verdreifachung der unteren Frequenz. Wenn man eine G-Saite auf einer Harfe zum Klingen bringt, wird durch dieses Resonanzphänomen das C 1½ Oktaven tiefer aktiviert. Dadurch überträgt eine höhere Note oder Frequenz Energie auf eine niedrigere Frequenz. Diese natürliche Resonanz ist das Werkzeug, das die himmlische Reflektor Energie nach unten bringen kann. Dieses Phänomen erklärt, warum Harfen (oder jedes andere vielsaitige Instrument) besonders dazu geeignet sind, himmlische Energien herabzubringen. Es wirft auch ein neues Licht auf die ‚Unterton- oder Aulos-Tonleiter'. [22]

Meine Quelle ‚C' - Das Kollegium der Geister von Rocamadour.
Rocamadour ist ein alter Wallfahrtsort, der weniger als eine Stunde von unserem Wohnort entfernt liegt. Ich arbeite seit zehn Jahren mit 'C' zusammen. Sie haben an acht meiner Bücher mitgewirkt. Meine Kommunikation mit ihnen ist sehr pragmatisch und basiert auf Ja/Nein-Fragen. In all diesen Jahren habe ich immer sofortige und präzise Antworten erhalten.

Es ist eine Tatsache, dass wir nicht über nicht-physische Aspekte schreiben können, ohne zu versuchen, Informationen aus erster Hand von unsichtbaren Wesen zu erhalten. In meiner Kommunikation mit unsichtbaren Wesen habe ich eine strenge Checkliste von Anforderungen ausgearbeitet, die erfüllt werden muss, eine Checkliste, die ich eigentlich auch für die Kommunikation mit Menschen verwende. In Kürze:

Jede Kommunikation muss kohärent und konsistent sein, neue und unerwartete Aspekte enthalten, nützlich sein, sich als vernünftig erweisen, meinen freien Willen respektieren und präzise sein.

Ich kenne die Zusammensetzung der Geister von Rocamadour, denn ich musste wissen, mit wem ich in Kontakt stehe. Es gibt 12 ehrenwerte ständige Mitglieder und einen größeren Kreis von Experten, darunter viele Wissenschaftler, auf die sie zurückgreifen können, wenn ein Thema besondere Kenntnisse erfordert. Ich habe großen Respekt vor ihnen und stelle sie deshalb nicht mit dummen Fragen auf die Probe. Ich frage nur, was ich nicht selbst herausfinden kann. Ich erhalte immer eine präzise Antwort auf alles, was ich frage.

Ich habe die 12 in einem anderen Buch vorgestellt, sie aber noch einmal gefragt, ob sie in diesem Buch genannt werden wollen. Ja, sagten sie. Sie zu erwähnen, bringt Klarheit darüber, wer sie sind.

9 von ihnen waren bereits einmal auf der Erde inkarniert, 7 als Christen: Papst Leon IX. (11. Jh.), 4 Heilige: St. Amadour (1. Jh.), St. Alain de Lavour (7. Jh.), 2 davon sind Frauen: Christiane de la Sainte Croix (IT 14. Jh.), Sainte Hildegard von Bingen (12. Jh.), ein tibetisch-buddhistischer Rinpoche Lama Guendune (er leitete bis 1997 ein Kloster in der Dordogne), 1 Wissenschaftlerin: Marie Curie (2 Nobelpreise), 3 waren nie auf der Erde inkarniert: die Deva-Königin des Südwestens von Frankreich, 2 aus dem ‚Weltraum'*: ein Meister von Pegasus, eine Meisterin von Arkturus.

*) Ich weiss nicht, was das genau bedeutet.

Bis zum Jahr 2000 C bestand ihre Hauptaufgabe darin, die Seelen verstorbener Menschen zu unterrichten, die nach Rocamadour zurückkehren wollten, einem bedeutenden spirituellen Pilgerort, den sie während ihres Lebens gekannt hatten. Um das Jahr 2006 herum begannen C ihr Tätigkeitsfeld erheblich zu erweitern. Dies führte zu der heutigen Organisation als Think Tank, einer Universität der Ideen und des Wissens. C ist nicht an eine bestimmte Religion gebunden.

Untenstehende Zeichnung braucht Zeit um verstanden zu werden - ich habe mehr als 30 Jahre dafür gebraucht. Ich möchte damit zeigen wie präzise die Wissenschaft der subtilen Energie ist und dass sie uns zu einem umfassenderen Verständnis des Lebens führen wird.

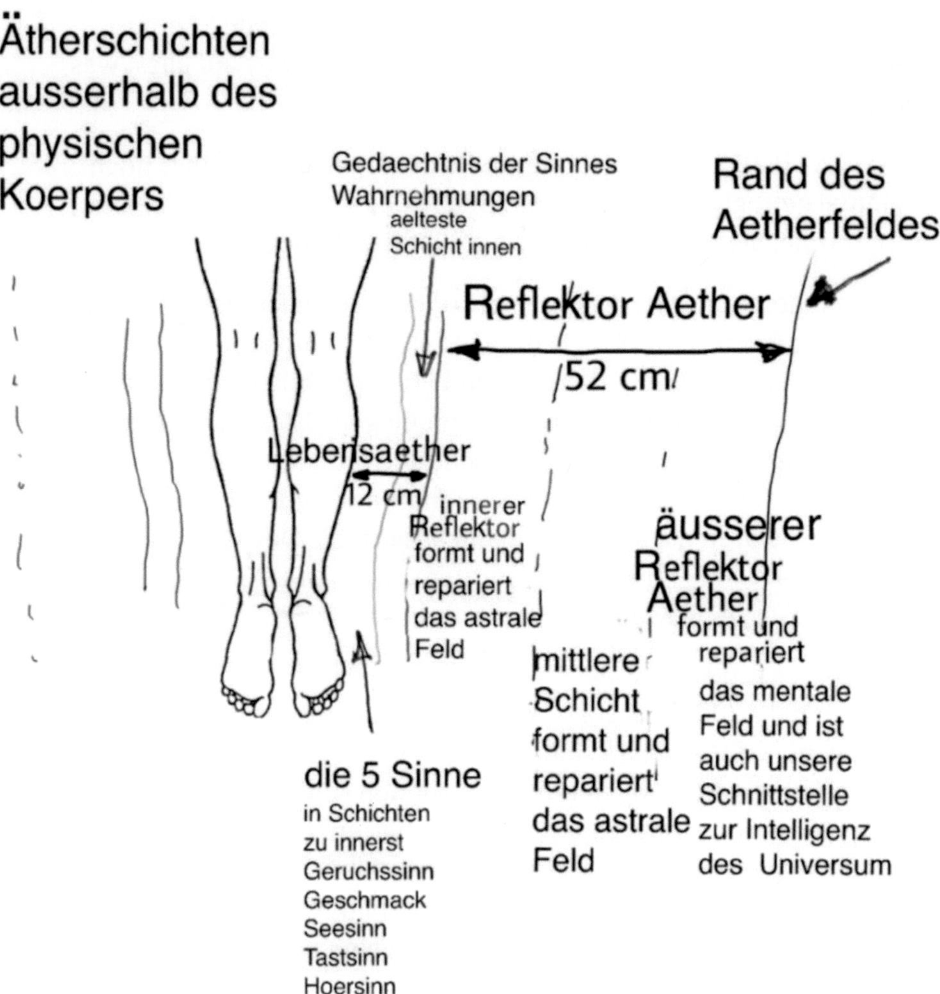

Interview mit dem Mutter-Erde-Wesen

Ist es in Ordnung, dich ‚Mutter-Erde-Wesen' zu nennen? Ja.

Die Intelligenz hinter der Natur ist ein komplexes Phänomen. Es ist völlig unmöglich, ihr hier im Rahmen eines Buches gerecht zu werden. Dennoch ist es notwendig, so präzise und konkret wie möglich zu sein, damit wir schätzen und respektieren lernen, mit wem wir kommunizieren. (Das Wesen ist mit dieser Aussage einverstanden)

Kann ein Dialog mit größeren Naturgeistern, die für ein Gebiet zuständig sind, zu einem politischen Entscheidungsprozess über das Gebiet beitragen? Ja.

Kann man von diesem Dialog erwarten, dass er wie ein Interview mit einem menschlichen Wesen abläuft? Nein.

Würde man von den jeweiligen Naturgeistern, die für ein Gebiet oder einen Teil eines Gebietes zuständig sind, erwarten, dass sie einen geeigneten Dialogpartner stellvertretend für alle hervorbringen? Ja.

Könnte eine Gruppe von Menschen, die sich mit der Anerkennung der Rechte eines ganzen Flusssystems oder eines Feuchtgebietes befasst, damit rechnen, einen kompetenten und repräsentativen Partner unter den Naturgeistern zu finden? Ja.

Würde man von diesem Naturgeist erwarten, dass er politisch unmittelbar verständliche Beiträge leistet? Nein.

Meinst du 'nicht notwendigerweise'? Ja.

Heißt das, der Naturgeist würde mit einem eigenen Forderungs- und Informationsspektrum aufwarten? Ja.

Ihr Beitrag könnte also oft unerwartet sein? Ja.

Wäre es immer ein wertvoller und wesentlicher Beitrag zum politischen Entscheidungsprozess? Ja.

Wenn ich den Begriff ‚politischer' Prozess verwende, kann dies auch mögliche rechtliche Verfahren einschließen? Ja.

Können wir erwarten, dass ein solcher Dialog andere bewusste Wesen anzieht, die helfen, das Energieniveau des Prozesses zu erhöhen? Ja.

Diese Erhöhung des Energieniveaus würde mehr Toleranz, Verständnis, Mitgefühl, Geduld, Freude und Respekt beinhalten? Ja.

Dies würde zu mehr gegenseitigem Verständnis beitragen? Ja.

Es würde offensichtlich unerwartete Aspekte des Naturraums einbringen und dazu beitragen, seine Komplexität mehr zu schätzen? Ja.

Würde es auch dazu beitragen, mehr Verständnis dafür zu wecken, wie die Intelligenz hinter der Natur funktioniert? Ja.

Wenn man den Dialog mit der Intelligenz hinter der Natur nicht in einen solchen Prozess einbezieht, würde das bedeuten, dass die Verfahren oft schwieriger verlaufen? Ja.

Mehr Missverständnisse auftauchen? Ja.

Mehr Ego-Kämpfe? Ja.

Die Einbeziehung der Naturgeister in den Prozess würde helfen, diese Art Probleme zu vermindern? Ja.

Kann man sagen, dass die Einbeziehung der Naturgeister in den Prozess automatisch ‚spirituelle Energien', den guten Willen und die Erfahrung höherer Wesenheiten einbringt und damit die gesamte Bewusstseinsebene und die Zusammenarbeit anhebt? Ja.

Auch wenn der Prozess oft unerwartete Blickwinkel und Aussagen mit sich bringt, wäre das Gesamtergebnis also deutlich positiv? Ja.

Das bedeutet, dass die beteiligten Menschen in der Regel eine größere Toleranz gegenüber einer ungewöhnlichen Argumentation benötigen? Ja.

Bist du der Meinung, dass wir andere Aspekte in dieses Gespräch einbeziehen sollten? Nein.

Bist du mit unserem Dialog zufrieden? Ja.

Hast du das Gefühl, dass ich deinen Standpunkt richtig verstanden habe? Ja.

Hast du das Gefühl, dass du bereits bei der Formulierung der Fragen mitgewirkt hast? Ja.

Ich danke dir für diesen Dialog. Ich muss sagen, ich hatte nicht erwartet, dass du antworten würdest.

Verwendung einer Hartmann-Antenne

Wenn sie in der Quantenphysik das Phänomen der Quanten-verschränkung akzeptieren können, eine Kraft, die wir noch nicht vollständig verstehen können, können wir vielleicht akzeptieren, dass es vergleichbare Kräfte in der Radiästhesie gibt, die ein Werkzeug wie die Hartmann-Antenne dazu bewegen, JA- und NEIN-Antworten anzuzeigen.

Die Kommunikation zwischen Menschen und Naturgeistern oder Wesen des göttlichen Feldes funktioniert mit Hilfe eines Übersetzer-wesens. Sie sind Sphäre 7-Wesen. Um eine Kommunikation mit unsichtbaren Wesen zu ermöglichen, muss sich der Mensch mit seinen Gefühlen verbinden und dann seine Frage formulieren. Diese Frage wird von diesen Sphäre-7-Wesen übersetzt. Die unsichtbaren Wesen antworten dann mit ihrer Art von Gefühlen, die dann wiederum übersetzt werden. Die Schnittstelle im Menschen ist unser oberer Reflektoräther.

Quantenverschränkung ist ein physikalisches Phänomen, das auftritt, wenn eine Gruppe von Teilchen erzeugt wird, interagiert oder sich in räumlicher Nähe befindet, so dass der Quantenzustand jedes Teilchens der Gruppe nicht unabhängig vom Zustand der anderen beschrieben werden kann, auch wenn die Teilchen durch eine große Entfernung getrennt sind. Das Thema der Quantenverschränkung steht im Mittelpunkt der Unterschiede zwischen der klassischen und der Quantenphysik: Die Verschränkung ist ein Hauptmerkmal der Quantenmechanik, das in der klassischen Mechanik fehlt. (Wikipedia)

Abschließend eine Mitteilung eines großes Elementarwesens der 5. Art, das auf die Zusammenarbeit zwischen Naturgeistern und Menschen spezialisiert ist, und mich gebeten hat, dies hinzuzufügen:

„Es ist für jeden Menschen möglich mit Naturgeistern zu kommunizieren. Der Mensch kann einfach damit beginnen, indem er ihnen eine Frage über einen Aspekt der Natur stellt. Eine Frage zu stellen ist der wichtigste Schritt, denn es zeigt, dass man den anderen respektiert, Interesse zeigt und offen ist, seine Existenz, seine Intelligenz und seine Meinung zu berücksichtigen. Jeder Mensch kann mit seinen eigenen Mitteln eine Antwort erhalten: mit seinem Gefühl, seiner Intuition, einer Vision, einem Radiästhesie-Werkzeug oder einem anspruchsvolleren Channeling, das aus ganzen Sätzen besteht."

Wir sind die Natur,
dachten aber zu lange,
wir seien ein separater Teil von ihr.

Unsere Kommunikation mit der Intelligenz hinter der Natur erinnert uns an unsere Beiträge und Verantwortung zur Erd-Heilung.

Literaturverzeichnis

1) Die Christus-Briefe, kostenloser Download unter: www.christsway.co.za
https://thechristletters.weebly.com/uploads/1/2/5/7/125746987/christ_letters_
original_version.pdf
2) Wall Street International Magazine WIM, Serie vom 11 DEZEMBER 2020 - 11
April 2021, Federico FAGGIN: Die Natur des Bewusstseins
3) D. Perret, Die Wissenschaft der Geistigen Heilung, BoD, 2010
4a) Verena Staël von Holstein, Wolfgang Weirauch 'Naturgeister und was sie
sagen' Interviews, www.flensburgerhefte-shop.de
4b) 'Gespräche mit Bäumen', Interviews Verena Staël von Holstein,
herausgegeben von W. Weirauch, www.flensburgerhefte-shop.de
5) www.etimo.it/?term=natura
6) Archiv zur Geschichte der Max-Planck-Gesellschaft, Abt. Va, Rep. 11 Planck, Nr.
1797
7) Prof. Dr. Suzanne Simard, 'Finding the Mother Tree - Discovering the Wisdom of
the Forest', Allen Lane publishers, Mai 2021
8) Peter Wohlleben, ‚Das geheime Leben der Bäume: Was sie fühlen, wie sie
kommunizieren', Verlag Heyne, 2019
9) Stefano Mancuso, Alessandra Viola, 'Die Intelligenz der Pflanzen', Kunstmann,
2015
10) Wikipedia, freie, kollaborative Online-Enzyklopädie
11) Linda Gottfredson, (1998). ‚The General Intelligence Factor' (PDF). Scientific
American Presents. 9 (4): 24-29. Archiviert (PDF) vom Original am 7. März 2008.
Abgerufen am 18. März 2008.
12) David Wechsler, (1944). 'The measurement of adult intelligence'. Baltimore:
Williams & Wilkins. ISBN 978-0-19-502296-4. OCLC 219871557.
13) Humphreys, L. G. (1979). 'The construct of general intelligence' (2): 105-120. doi:
10.1016/0160-2896(79)90009-6.
14) Dan McKanan, 'Eco-Alchemy', University of California Press, 2018
15) Susan Borowski im Blog der American Association for the Advancement of
Science vom 16.07.2012
16) D. Perret, Erd-Heilen, BoD, 2018
17) D. Perret, Distant Healing with the Harp, BoD, 2020
18) D. Perret, Contributing to Healing, BoD, 2020
19) Dr. Jacques Mabit, "Amazonas-Schamanismus und die westliche Welt:
zwischen Ermutigung und Warnung",
www.takiwasi.com/docs/arti_ing/amazonian_shamanism_western_world.pdf

20) D. Perret, L'accès aux mondes invisible (Zugang zu den unsichtbaren Welten), BoD, 2017

21) Consciousness and its Place in Nature, David J. Chalmers, http://www.consc.net/papers/nature.pdf

22) D. Perret, ‚Musik als mystische Reise', BoD, 2013

23) WHYY-Podcast vom 30. Juli 2021 Kenny Cooper, Zunigha ist ein eingeschriebenes Mitglied und kultureller Leiter des Delaware-Stammes der Indianer, einem der drei staatlich anerkannten Stämme der Lenape in den Vereinigten Staaten. WHYY ist eine öffentliche Medienorganisation in der Region Philadelphia, die Delaware, New Jersey und Pennsylvania umfasst.

24) https://wcmcoop.org/Wisconsin Bürger Medienkooperation; Rechte der Natur: Giving Voice to the More-Than-Human, 10. August 2021, Chelsea Fairbank und Barbara With

25) 'Irish Spirit', Ed. Patricia Monaghan, Wolfhound Press, 2001

26) Vanessa Doutreleau, Co-Autorin von 'Mémoires d'Islande', ateliers des Brisant 2011, wissenschaftliche Beraterin bei der Organisation von Ausstellungen im Écomusée de Marquèze), Ethnologie Française, Vol. 33, 2003/2004

27) C. Lecouteux, Dictionnaire de mythologie Germanique, Imago 2014

28) D. Perret, ‚Creating Divine Art', BoD, 2016

29) D. Perret, ‚Faith is the Bridge', BoD, 2015
Die Zitate von Bob Moore sind meinen persönlichen Notizen während seiner Kurse entnommen.

30) Grimm, R.L., 'Northern Yellowstone winter range studies. Journal of Wildlife Management 8', 329-334. 1939.

31) Lovaas, A.L. 'People and the Gallatin Elk Herd. Montana Fish and Game Department, Helena, Montana, USA". Mao, J.S., Boyce, M.S., Smith, D.W., Singer, 1970.

32) NRC, National Research Council, 2002. Ecological Dynamics on Yellowstone's Northern Range. National Academy Press, Washington, DC.

33) Barmore, W.J. 'Ecology of Ungulates and their Winter Range in Northern Yellowstone National Park; Research and Synthesis 1962-1970'. Yellowstone, 2003. Zentrum für Ressourcen, Yellowstone National Park, Mammoth, Wyoming, USA.

34) Ripple, W.J., Beschta, R.L. 'Trophische Kaskaden in Yellowstone: Die ersten 15 Jahre nach der Wiederansiedlung des Wolfes'. Biol. Conserv. (2011), doi:10.1016/j.biocon. 2011.11.005

35) www.arizona-dream.com/usa/blog-voyage-usa/la-reintroduction-de-14-loups-a-yellowstone-change-l-ecosysteme/la-reintroduction-de-14-loups-a-yellowstone-change-l-ecosysteme.php.
36) D. Perret, ‚Die 12 magischen Quadrate als göttliche Siegel – Wahrnehmung und Interpretation subtiler Energie, BoD 2020
37) Dalaï Lama XIV: Die Welt in einem einzigen Atom, Theseus 2005
38) Wolfgang Weirauch, Gefühle 1-9, Serie der Flensburger Hefte, www.flensburgerhefte-shop.de

Federico Faggin

Federico Faggin schloss 1965 sein Physikstudium an der Universität Padua, Italien, mit summa cum laude ab und zog 1968 ins Silicon Valley. Er entwickelte 1968 die MOS-Silizium-Gate-Technologie, 1971 den ersten Mikroprozessor der Welt, den Intel 4004, und mehrere sehr erfolgreiche Mikroprozessoren wie den Intel 8080 und den Z80 von Zilog, seinem ersten Start-up-Unternehmen. Faggin war Direktor mehrerer High-Tech-Startup-Unternehmen, die er seit 1974 gründete und leitete, darunter Synaptics, welche die ersten Touchpads und Touchscreens entwickelten. Derzeit ist er Präsident der Federico and Elvia Faggin Foundation, die sich der Wissenschaft des Bewusstseins widmet. Faggin erhielt zahlreiche internationale Auszeichnungen, darunter 2009 die National Medal of Technology and Innovation von Präsident Barack Obama.

Ich möchte auch die bahnbrechende Arbeit von **Wolfgang Weirauch** von den Flensburger Heften und Verena Staël von Holstein würdigen. Die an die 50 Bücher mit Interviews mit Naturgeistern haben den Grundstein für eine erweiterte Naturwissenschaft der Zukunft gelegt.

Von 1963 bis 1978 unterrichtete Christus eine englische Dame, die sich ‚die Schreiberin' nannte, in den Prinzipien, die er in seinen ‚**Briefen**' erläutert. Im Jahr 2000, als sie achtzig Jahre alt war, begann Christus, ihr die 'Briefe' zu diktieren. Die ‚Schreiberin' wollte weder anonym bleiben und auch keinen finanziellen Vorteil aus den Texten ziehen.

alle Fotos D. Perret

danielperret.bandcamp.com

www.vallonperret.com

Daniel Perret – Die Intelligenz hinter der Natur